# 配电网施工工艺质量
## 常见问题图解手册

国网辽宁省电力有限公司运检部　组编

中国电力出版社
CHINA ELECTRIC POWER PRESS

## 内 容 提 要

本书详细阐述了配电网工程各分项工程施工过程中存在的质量通病和规范做法，并辅以大量的现场照片和详细的文字说明，以正误对比的方式，既指出各环节违反施工工艺要求的习惯性错误做法，又介绍了规范的施工方法，指导读者快速、准确掌握施工工艺要求，从根本上减少质量通病的发生。内容实际、图文并茂，针对性和可操作性强，对指导现场施工和控制质量通病有着很好的示范作用。

本书共 14 章，主要内容包括杆塔组立、金具组装、绝缘子安装、拉线装设、导线架设、变压器台组装、开关安装、防雷和接地施工、低压台区施工、电缆施工、开关站（环网室、环网柜）施工、配电室及箱式变电站施工、无功补偿装置安装、标识安装过程中存在的质量通病和规范做法。

本书可供电力行业配电专业的管理、施工、生产运维等人员使用，也可作为配电网建设改造培训教材，还可供各类专业院校相关专业师生学习参考。

**图书在版编目（CIP）数据**

配电网施工工艺质量常见问题图解手册 / 国网辽宁省电力有限公司运检部组编. —北京：中国电力出版社，2017.9（2024.12重印）

ISBN 978-7-5198-0842-6

Ⅰ．①配… Ⅱ．①国… Ⅲ．①配电线路－工程施工－图解 Ⅳ．① TM726-64

中国版本图书馆 CIP 数据核字（2017）第 142140 号

---

| | |
|---|---|
| 出版发行：中国电力出版社 | 印　　刷：北京天宇星印刷厂 |
| 地　　址：北京市东城区北京站西街 19 号 | 版　　次：2017 年 9 月第一版 |
| 邮政编码：100005 | 印　　次：2024 年 12 月北京第四次印刷 |
| 网　　址：http://www.cepp.sgcc.com.cn | 开　　本：787 毫米 ×1092 毫米　16 开本 |
| 责任编辑：马淑范　（xiaoma1809@163.com） | 印　　张：13.5 |
| 责任校对：王开云 | 字　　数：340 千字 |
| 装帧设计：赵姗姗（版式设计和封面设计） | 印　　数：9001—9500 册 |
| 责任印制：杨晓东 | 定　　价：98.00 元 |

# 《配电网施工工艺质量常见问题图解手册》编委会

**主　编**　谭洪恩

**副主编**　董恩伏　马　千　于长广　李　东

**编　委**　宋文峰　姜万超　张凤军　曾　光　崔　征

**编　写**　王　刚　张慧林　王　爽　高　威　崔广富

　　　　　聂　宇　金　星　杨　轶　王　阳　代子阔

　　　　　尚尔震　左伟华　王　华　张　伟　李　帅

　　　　　叶丽军　胡玉涛　迟殿玉　郭庆生　关　心

　　　　　王树枫　马晟博　徐　成　周晓光　赵东洋

　　　　　王　洋　弓　强　纪　飞　张宏界　纪清雨

　　　　　邹群峰　张智博　崔洪铭　钱积宏　刘传波

　　　　　周广辉　王元军　张春晓　张海洋　李洪凯

# PREFACE 序

配电网作为关系国计民生的重要基础设施，是"十三五"电网建设的重中之重。经过近 20 年的城乡电网建设和改造，配电网结构得到了有效的改善。其具有点多面广、建设主体分散、地域差别大的特点，工程的建设标准、建设质量和工艺水平还需进一步巩固和提升。为了实现项目精准、投资精准、管理精准目标，确保高标准、高质量按期完成配电网工程建设任务，按照国家电网公司配电网建设"四个一"（即项目储备"一图一表"，设备选型"一步到位"，施工工艺"一模一样"，管控信息"一清二楚"）的工作要求，辽宁公司针对配网工程建设改造特点，组织配电工程技术专家、一线技术骨干编写了本书。

本书以图文形式，本着面向一线、通俗易懂、对比鲜明原则，突出施工工艺标准。本书凝聚了全省广大配电专家学者和工程技术人员的心血和汗水。希望本书的出版和应用，能够对配电网标准化施工建设具有切实的指导作用，为进一步提高配电网建设质量，全面建成现代配电网奠定坚实的基础。

2017 年 9 月

为加强新一轮农村电网改造升级工程管理，落实国家电网公司配电网工程建设"四个一"总体要求，规范工程施工建设标准，提高工程建设质量和施工工艺水平，有效防治配电网工程质量通病，使新一轮农网改造升级工程建设更加规范化、标准化。国网辽宁省电力有限公司组织配电专业各级管理人员、工程技术人员编制了本书，为工程建设、管理等部门提供一套预防工程质量通病的参考依据，指导新一轮农网改造升级工程的有效实施。

本手册共分为 14 章，详细阐述了 10kV 及以下配电网工程的杆塔组立、金具组装、绝缘子安装、拉线装设、导线架设、变压器台组装、开关安装、防雷与接地、低压台区、电缆施工、电缆箱（站）、配电室及箱式变电站、无功补偿装置、标识安装项目施工过程中存在的工程质量通病和规范做法。并辅以大量的现场照片和详细的文字说明，有效指导工程施工人员、技术人员了解施工各环节违反施工工艺标准要求的习惯性错误做法，便于快速、准确掌握施工工艺要求，从根本上减少质量通病的发生。其内容全面、着眼实际、图文并茂，针对性和可操作性强，对现场施工和控制质量通病有着很好的指导作用。

本手册依据《配电网技术导则》《国家电网公司配电网工程典型设计》等相关标准、规范编制，在编写时力求做到通用性强、适用面广、简明扼要、概念正确。由于编者水平有限，难免存在不足之处，敬请各位读者斧正。

编 者

2017 年 9 月

# CONTENTS 目 录

序
前言

# 1 杆塔组立

| 编制项目 | 子项目 | 具体类别 | 总体要求及规范做法 | 工程质量存在的通病 |
|---|---|---|---|---|
| 1 杆塔组立 | 1.1 混凝土杆 | 1.1.1 杆体检查 | 混凝土杆外表光洁平整，壁厚均匀、不露筋、漏浆、掉块等。杆顶封堵完整，杆身无纵向裂纹，且横向裂纹宽度不超过 0.1mm（预应力混凝土杆杆身应无纵、横向裂纹），长度不超过 1/3 周长，且 1000m 内横向裂纹不超过 3 处。杆身弯曲不超过杆长的 1/1000，电杆焊缝表面应呈平滑的细鳞形，与基本金属平缓连接，无折皱、间断、漏焊及未焊满的陷槽，并不应有裂缝，电杆的钢圈和焊接处应按设计要求进行防腐处理。无规定时，应将钢圈表面铁锈和焊缝的焊渣与氧化层除净，涂刷一底一面防锈漆。 | 电杆横向裂纹宽度及长度超过要求值，电杆杆头不封堵，封堵损坏，焊接处存在漏焊、砂眼，电杆的连接钢圈和焊接处不进行防腐处理。 |

| 编制项目 | 子项目 | 具体类别 | 总体要求及规范做法 | 工程质量存在的通病 |
|---|---|---|---|---|
| 1 杆塔组立 | 1.1 混凝土杆 | 1.1.2 基坑开挖 | <br>（1）基坑开挖深度应不小于：8m/1.5m；10m/1.7m；12m/1.9m；15m/2.3m；18m/2.8m。<br>（2）直线杆：顺线路方向位移不应超过设计档距的3‰；横线路方向位移不应超过50mm。<br>（3）转角杆、分歧杆：顺线路、横线路方向的位移均不应超过50mm，电杆基坑深度的允许偏差为＋100mm、－50mm。<br>（4）双杆：双杆两底盘中心的根开误差不应超过30mm，两杆坑深度高差不应超过20mm。 | <br>直线杆、转角杆、分歧杆基坑顺线路和横线路方向位移不符合标准值，双杆基坑两底盘中心根开误差、两杆坑深度高差不符合要求值。 |

| 编制项目 | 子项目 | 具体类别 | 总体要求及规范做法 | 工程质量存在的通病 |
|---|---|---|---|---|
| 1 杆塔组立 | 1.1 混凝土杆 | 1.1.3 底盘安装 | 坑底使用底盘时，坑底表面应保持水平，双杆两底盘中心距误差≤30mm，两杆坑深度高差≤20mm，单杆底盘顺线路方向位移不应超过设计档距的3%，横向位移不应超过50mm，底盘表面应平整，不应有蜂窝、露筋、裂缝、漏浆等缺陷，预应力钢筋混凝土预制件不应有纵、横向裂纹，普通钢筋混凝土预制件不应有纵向裂纹。 | 两底盘中心距和两杆坑深不符合要求，单杆底盘顺线路方向位移超过设计档距的3%，横向位移超过50mm，底盘表面有蜂窝、露筋、裂缝、漏浆等现象。 |

| 编制项目 | 子项目 | 具体类别 | 总体要求及规范做法 | 工程质量存在的通病 |
|---|---|---|---|---|
| 1 杆塔组立 | 1.1 混凝土杆 | 1.1.4 卡盘安装 | 电杆基础采用卡盘时，应符合下列规定：<br>（1）卡盘深度允许偏差为±50mm。<br>（2）无设计要求时，卡盘上平面距地表面≥0.5m，有设计要求时按要求执行。<br>（3）直线杆：卡盘应与线路平行并应在线路电杆左、右侧交替埋设。<br>（4）承力杆：卡盘埋设在承力侧。 | 卡盘上平面距地表面距离<0.5m，卡盘安装深度偏差超出标准值，直线杆、承力杆卡盘装设位置不符合要求，不加装卡盘。 |

| 编制项目 | 子项目 | 具体类别 | 总体要求及规范做法 | 工程质量存在的通病 |
|---|---|---|---|---|
| 1 杆塔组立 | 1.1 混凝土杆 | 1.1.5 直线杆组立 | | |
| | | | 电杆埋深无设计要求时，按规定埋深应不小于：8m/1.5m；10m/1.7m；12m/1.9m；15m/2.3m；18m/2.8m。横向位移不应超过50mm，杆梢位移不应大于杆梢直径的1/2。回填土时应将土块打碎，每回填300mm夯实一次，并对电杆进行校正。 | 电杆埋深不符合要求，距横向位移超过50mm，杆梢位移大于杆梢直径的1/2。回填土时不将土块打碎且不按要求进行夯实。 |

| 编制项目 | 子项目 | 具体类别 | 总体要求及规范做法 | 工程质量存在的通病 |
|---|---|---|---|---|
| 1 杆塔组立 | 1.1 混凝土杆 | 1.1.6 转角杆组立 | <br><br>电杆埋深无设计要求时，按规定埋深应不小于：8m/1.5m；10m/1.7m；12m/1.9m；15m/2.3m；18m/2.8m。转角杆组立后杆根向内角偏移≤50mm，不能向外角偏移。杆梢应向外角方向倾斜，但不得超过一个杆梢直径，不允许向内角方向倾斜；转角杆横向位移不应超过50mm；转角杆组立后，回填土时应将土块打碎，每回填300mm夯实一次，电杆组立完后进行校正。 | <br><br>电杆埋深不符合要求，转角杆组立后杆根向内角偏移＞50mm，杆根向外角偏移。杆梢不向外角方向倾斜，向外角方向倾斜超过一个杆梢直径。转角杆横向位移超过50mm；转角杆组立后，回填土时不将土块打碎且不按要求进行夯实。 |

| 编制项目 | 子项目 | 具体类别 | 总体要求及规范做法 | 工程质量存在的通病 |
|---|---|---|---|---|
| 1 杆塔组立 | 1.1 混凝土杆 | 1.1.7 分歧杆组立 | | |
| | | | 电杆埋深无设计要求时，按规定埋深应不小于：8m/1.5m；10m/1.7m；12m/1.9m；15m/2.3m；18m/2.8m。分歧杆应向拉线侧倾斜，杆梢倾斜位移不得大于杆梢直径，回填土时应将土块打碎，每回填300mm夯实一次，并对电杆进行校正。 | 电杆埋深不符合要求，不向拉线侧倾斜，杆梢倾斜位移大于杆梢直径，回填土时不将土块打碎且不按要求进行夯实。 |

| 编制项目 | 子项目 | 具体类别 | 总体要求及规范做法 | 工程质量存在的通病 |
|---|---|---|---|---|
| 1 杆塔组立 | 1.1 混凝土杆 | 1.1.8 终端杆组立 | 电杆埋深无设计要求时，按规定埋深应不小于：8m/1.5m；10m/1.7m；12m/1.9m；15m/2.3m；18m/2.8m。终端杆组立后应向拉线侧预偏，其预偏值不应大于杆梢直径，紧线后不应向受力侧倾斜。回填土时应将土块打碎，每回填300mm夯实一次，并对电杆进行校正。 | 电杆埋深不符合要求，不向拉线侧预偏，预偏值大于杆梢直径，紧线后向受力侧倾斜，回填土时不将土块打碎且不按要求进行夯实。 |

| 编制项目 | 子项目 | 具体类别 | 总体要求及规范做法 | 工程质量存在的通病 |
|---|---|---|---|---|
| 1 杆塔组立 | 1.1 混凝土杆 | 1.1.9 防沉土台 | <br><br>回填土后的电杆基坑应有防沉土台，其面积不应小于坑口面积，培土高度应超出地面 300mm。沥青路面或砌有水泥花砖的路面不设置防沉土台。 | <br><br>电杆组立后不设防沉土台，或设置的防沉土台不符合要求。 |

| 编制项目 | 子项目 | 具体类别 | 总体要求及规范做法 | 工程质量存在的通病 |
|---|---|---|---|---|
| 1 杆塔组立 | 1.2 钢管杆 | 1.2.1 基础浇筑 | 基础浇筑时应按图纸要求设置模板，控制好钢筋保护层和塌落度，进行一次性浇筑，采用插入式振捣器，振捣密实，不允许有蜂窝、麻面，基础中的地脚螺栓位置正确、水平，螺纹部分应加以保护，预埋件应安装牢固，拆模后立即回填土并对外露部分加遮盖物，浇注后应在12h内开始浇水养护，普通硅酸盐和矿渣硅酸盐水泥拌制的混凝土养生龄期不得少于7天，有添加剂的混凝土养生龄期不得少于14天；日均温度低于5℃时不得浇水养护；混凝土不宜在严寒季节进行施工，若必须进行，应采取相应措施，如加入早强剂、减小水灰比、加强振动捣固、妥善遮盖和各种保温养护等。强度达到100%后方能吊装。 | 不按要求设置模板，钢筋保护层不够，跑浆、露浆、出现蜂窝、麻面，养生龄期，捣固次数不够，不按要求养生，混凝土强度达不到要求。 |

| 编制项目 | 子项目 | 具体类别 | 总体要求及规范做法 | 工程质量存在的通病 |
|---|---|---|---|---|
| 1 杆塔组立 | 1.2 钢管杆 | 1.2.2 钢管杆组立 | <br><br>整根钢管杆及各杆段的弯曲度不超过其长度的 2/1000，钢管杆及附件应均匀热镀锌，无漏镀、锌渣锌刺，焊有接地螺栓，钢管杆组立应向受力侧反方向预偏：直线杆偏移不大于杆身高度的 5％，转角和终端杆偏移不大于杆身高度的 15％。法兰连接式钢管杆应按线路角度位置正确连接；插接式钢管杆要满足插接深度要求。 | 基础施工不符合设计要求，法兰连接位置角度不对，插接式钢管杆插接深度不够，未焊接接地螺栓。 |

| 编制项目 | 子项目 | 具体类别 | 总体要求及规范做法 | 工程质量存在的通病 |
|---|---|---|---|---|
| 1<br>杆塔组立 | 1.2<br>钢管杆 | 1.2.3<br>防护帽浇筑 | <br><br>按图纸要求设置模板，应采用高于基础一个标号的细石混凝土进行浇筑，用1：2水泥砂浆抹面，养生龄期7天以上。 | <br><br>不按设计要求设置防护帽，跑浆、露浆，出现蜂窝、麻面，养生龄期不够，混凝土强度达不到要求。 |

| 编制项目 | 子项目 | 具体类别 | 总体要求及规范做法 | 工程质量存在的通病 |
|---|---|---|---|---|
| 1 杆塔组立 | 1.3 窄基塔 | 1.3.1 基础浇筑 | 基础符合设计要求。控制好钢筋保护层和塌落度，一次性浇筑，振捣密实，不允许有蜂窝、麻面，基础中的地脚螺栓位置正确、水平，螺纹部分应加以保护，预埋件应安装牢固，拆模后立即回填土并对外露部分加遮盖物，浇筑后应在12h内开始浇水养护，普通硅酸盐和矿渣硅酸盐水泥拌制的混凝土养生龄期不得少于7天，有添加剂的混凝土养生龄期不得少于14天；日均温度低于5℃时不得浇水养护；混凝土不宜在严寒季节进行施工，若必须进行，应采取相应措施，如加入早强剂、减小水灰比、加强振动捣固、妥善遮盖和各种保温养护等。强度达到100％后方能吊装。 | 基础及保护层不符合设计要求。钢筋保护层不够，不按要求设置模板，跑浆、露浆、出现蜂窝、麻面，养生龄期、捣固次数不够，混凝土强度达不到要求。 |

| 编制项目 | 子项目 | 具体类别 | 总体要求及规范做法 | 工程质量存在的通病 |
|---|---|---|---|---|
| 1 杆塔组立 | 1.3 窄基塔 | 1.3.2 窄基塔组立 | 窄基塔组立后，各相邻节点间主材弯曲不得超过1/750，塔脚板应与基础面接触良好，有空隙时应加装垫片并灌筑水泥砂浆，直线塔结构倾斜不超过0.8‰，架线后不超过1‰。转角塔、终端塔向受力反方向预倾斜，倾斜值按基础预偏值控制，架线后向外倾斜不超过2.4‰。铁塔距离地面8m以下应使用防盗螺栓连接。 | 窄基塔组立时未按要求施工，防盗螺栓未按规定范围安装并拧紧，数量缺失，螺母松动。螺栓穿入方向不符合规范要求。铁塔距离地面8m以下不使用防盗螺栓连接。 |

| 编制项目 | 子项目 | 具体类别 | 总体要求及规范做法 | 工程质量存在的通病 |
|---|---|---|---|---|
| 1 杆塔组立 | 1.3 窄基塔 | 1.3.3 防护帽浇筑 | <br><br>　　按图纸要求设置模板，应采用高于基础一个标号的细石混凝土进行浇筑，用1：2水泥砂浆抹面，养生龄期7天以上。 | <br><br>　　不按设计要求设置防护帽，跑浆、露浆，出现蜂窝、麻面，养生龄期不够，混凝土强度达不到要求。 |

# 2 金具组装

| 编制项目 | 子项目 | 具体类别 | 总体要求及规范做法 | 工程质量存在的通病 |
|---|---|---|---|---|
| 2 金具组装 | 2.1 连接金具 | 2.1.1 螺栓穿向 | 平面结构横线路方向的两侧由内向外，中间由左向右（面向受电侧）或统一方向穿；顺线路方向的双面结构由内向外，单面结构由送电侧向受电侧或按统一方向穿；立体结构水平方向的由内向外穿，垂直方向的由下向上穿。耐张串上的螺栓穿向，水平结构的两边相由内向外穿，中相面向负荷侧由左向右穿。安装螺栓时应加装垫片，螺母紧好后，露出的螺杆单螺母不应少于两个丝扣，双螺母可与螺杆端面齐平，同一水平面丝扣露出长度应基本一致。 | 平面结构横线路方向的、顺线路方向的双面结构、单面结构的螺栓穿向不符合要求；立体结构水平方向的、垂直方向的螺栓穿向不符合要求；耐张串上的螺栓穿向不符合要求；螺栓安装时不加装垫片和弹簧垫，外露丝扣少于2扣，同一水平面丝扣露出长度不一致。 |

| 编制项目 | 子项目 | 具体类别 | 总体要求及规范做法 | 工程质量存在的通病 |
|---|---|---|---|---|
| 2 金具组装 | 2.1 连接金具 | 2.1.2 销钉、销子穿向 | 　　垂直安装的销钉由上向下穿，水平安装的销针两边相由外向内穿，中相面向大号侧由左向右穿，垂直安装的开口、闭口销由上向下穿；开口销应对称开口，开口30°~60°，开后的销子不应有折断、裂痕现象，不应用线材或其他材料代替；闭口销直径必须与孔径配合，且弹力适度。 | 　　销钉和销子不按要求安装，安装后的销子未开角或开角不符合要求，采用其他线材或材料代替，有的不安装销子。 |

| 编制项目 | 子项目 | 具体类别 | 总体要求及规范做法 | 工程质量存在的通病 |
|---|---|---|---|---|
| 2 金具组装 | 2.2 绝缘横担 | 2.2.1 绝缘横担安装 | 绝缘横担安装前应检查有无变形、裂纹、破损等现象。横担安装应平正牢固，安装偏差应符合规定：横担端部上下歪斜、左右扭斜≤20mm，横担中心距杆顶部150mm。单横担安装，直线杆应装于受电侧，90°转角、终端、分歧杆应装于拉线侧。转角杆横担应安装在转角的内角分线上。 | 绝缘横担安装前不进行外观检查。横担安装不平正，安装偏差不符合规定：横担端部上下歪斜、左右扭斜＞20mm，横担中心与杆顶部距离不符合要求。 |

| 编制项目 | 子项目 | 具体类别 | 总体要求及规范做法 | 工程质量存在的通病 |
|---|---|---|---|---|
| 2 金具组装 | 2.3 铁横担 | 2.3.1 铁横担安装 | <br>单杆铁横担安装前应检查有无变形、裂纹、破损等现象。横担安装应平正牢固，安装偏差应符合规定：横担端部上下歪斜、左右扭斜≤20mm。双杆横担与电杆连接处的高差不大于连接距离的5/1000，左右扭斜不大于横担长度的1/100。横担中心距杆顶部为150mm，单横担安装，直线杆应装于受电侧，90°转角、终端、分歧杆应装于拉线侧，转角杆横担应安装在转角的内角分线上。 | <br>单杆横担安装前不进行外观检查。横担安装不平正，安装偏差不符合规定：横担端部上下歪斜、左右扭斜>20mm。双杆横担与电杆连接处的高差大于连接距离的5/1000，左右扭斜大于横担长度的1/100。横担中心与杆顶部距离不符合要求。 |

# 3 绝缘子安装

| 编制项目 | 子项目 | 具体类别 | 总体要求及规范做法 | 工程质量存在的通病 |
|---|---|---|---|---|
| 3 绝缘子安装 | 3.1 针式绝缘子 | 3.1.1 直线杆绝缘子安装 | 应安装牢固、连接可靠。安装前仔细检查瓷釉等是否完好，安装时应清除表面灰垢、泥沙等附着物。针式绝缘子直立安装时，顶端顺线路歪斜≤10mm。绝缘子安装应采用"一平一弹"单螺母固定。 | 安装前未仔细检查瓷釉等是否完好，未及时清除表面灰垢、泥沙等附着物，安装时不采取防止损坏瓷釉的措施。针式绝缘子顶端顺线路歪斜＞10mm，安装不采用"一平一弹"单螺母固定。 |

| 编制项目 | 子项目 | 具体类别 | 总体要求及规范做法 | 工程质量存在的通病 |
|---|---|---|---|---|
| 3 绝缘子安装 | 3.2 悬式绝缘子 | 3.2.1 转角杆绝缘子安装 | <br><br>安装前仔细检查瓷釉等是否完好，应清除表面灰垢、泥沙等附着物，绝缘子的安装应防止瓷裙积水，安装牢固、连接可靠。 | <br><br>安装前不检查瓷釉等是否完好，不清除表面灰垢、泥沙等附着物，安装时不采取防止损坏瓷釉的措施。 |

| 编制项目 | 子项目 | 具体类别 | 总体要求及规范做法 | 工程质量存在的通病 |
|---|---|---|---|---|
| 3 绝缘子安装 | 3.3 复合针式绝缘子 | 3.3.1 直线杆绝缘子安装 | 安装前应检查伞裙有无损伤、顶端密封不良等情况。针式绝缘子直立安装时,顶端顺线路歪斜≤10mm。绝缘子与导线固定时,两端螺丝水平偏差不超过5mm,绝缘子安装应采用"一平一弹"单螺母固定。 | 安装前未检查伞裙损伤、顶端密封的情况。直立安装时,针式绝缘子顶端顺线路歪斜>10mm;绝缘子与导线固定时,两端螺丝水平偏差超过5mm。绝缘子固定时不加装弹簧垫及平垫。 |

| 编制项目 | 子项目 | 具体类别 | 总体要求及规范做法 | 工程质量存在的通病 |
|---|---|---|---|---|
| 3 绝缘子安装 | 3.4 复合悬式绝缘子 | 3.4.1 耐张杆绝缘子安装 | 　安装前应检查有无伞裙损伤，应清除表面灰垢、泥沙等附着物。安装时采取防止伞裙损伤的措施。绝缘子的安装应牢固、连接可靠。 | 　安装前不检查伞裙损伤，不清除表面灰垢、泥沙等附着物，不采取防止伞裙损伤的措施。 |

# 4 拉线装设

| 编制项目 | 子项目 | 具体类别 | 总体要求及规范做法 | 工程质量存在的通病 |
|---|---|---|---|---|
| 4 拉线装设 | 4.1 普通拉线 | 4.1.1 拉线基坑开挖 | <br>　　拉线基坑开挖深度由受力大小及设计要求决定，无设计要求时≥1.5m，根据设计的拉线角度从拉线基坑向电杆方向开一个"马道"，回填土应有防沉土台，其面积不小于坑口面积，培土高度应超出地面300mm。沥青路面或砌有水泥花砖的路面不设置防沉土台。 | <br>　　拉线基坑开挖深度不满足要求值，拉线基坑不开设"马道"，回填土时不设置防沉土台或设置的防沉土台不符合要求。 |

| 编制项目 | 子项目 | 具体类别 | 总体要求及规范做法 | 工程质量存在的通病 |
|---|---|---|---|---|
| 4 拉线装设 | 4.1 普通拉线 | 4.1.2 拉线盘安装 | 拉线盘表面应平整，不应有蜂窝、露筋、裂缝、漏浆等现象，预应力钢筋混凝土预制件不应有纵、横向裂纹，普通钢筋混凝土预制件不应有纵向裂纹，拉线盘的埋设深度≥1.5m。 | 拉线盘表面不平整，露筋，有蜂窝，埋设深度＜1.5m。 |

| 编制项目 | 子项目 | 具体类别 | 总体要求及规范做法 | 工程质量存在的通病 |
|---|---|---|---|---|
| 4 拉线装设 | 4.1 普通拉线 | 4.1.3 拉线棒埋设 | <br><br>拉线棒置于"马道"内校正拉线盘方向,拉线棒应与拉线盘垂直,回填土应夯实,拉线棒露出地面长度应控制在500~700mm,安全系数≥3,最小直径≥16mm。 | 回填土时不夯实,拉线棒露出地面长度不控制在要求范围之内,拉线棒直径与导线型号不匹配。 |

| 编制项目 | 子项目 | 具体类别 | 总体要求及规范做法 | 工程质量存在的通病 |
|---|---|---|---|---|
| 4 拉线装设 | 4.1 普通拉线 | 4.1.4 拉线裁线 | 钢绞线按需用长度计算确定后进行截取，截取时应在断头处用细铁丝绑扎，防止钢绞线松股炸头，绑扎时切勿破坏镀锌铁线的镀锌层。拉线弯曲部分不应有明显松股。 | 钢绞线截取时不绑扎，绑扎时破坏镀锌铁线的镀锌层。 |

| 编制项目 | 子项目 | 具体类别 | 总体要求及规范做法 | 工程质量存在的通病 |
|---|---|---|---|---|
| 4 拉线装设 | 4.1 普通拉线 | 4.1.5 拉线上、下把制作 | 上把拉线的上端楔形线夹凸肚向下，下端的楔形线夹凸肚水平。下把拉线上端楔形线夹凸肚向下。线夹凸肚应在尾线侧。拉线露出的尾线长度300~500mm为宜，线夹舌板与拉线接触紧密不超过2mm，受力不滑动。尾线回头后与主线应扎牢，在尾线距楔形线夹300mm处用10号镀锌铁线绑扎固定，拉线回尾绑扎长度50~80mm后拧3个花的小辫，端部留头30~50mm，在端头处用小米丝绑扎，防止松股。绑扎时切勿破坏镀锌层。扎线及尾线端头上涂红油漆进行防腐处理。 | 上、下把拉线不按规定尺寸制作，尾线端头不绑扎，不进行防腐处理。线夹舌板与拉线接触不紧密超过2mm。 |

| 编制项目 | 子项目 | 具体类别 | 总体要求及规范做法 | 工程质量存在的通病 |
|---|---|---|---|---|
| 4 拉线装设 | 4.1 普通拉线 | 4.1.6 UT线夹安装 | U型螺栓丝扣涂上润滑剂，套进拉线棒环后穿入UT线夹，凸肚方向向下，调节螺母拉线受力后撤出紧线器。拉线调好后拧紧两个螺母，螺母拧紧后螺杆应露扣，并保证不小于1/2螺杆丝扣的长度可供调节。螺栓外露长度不得大于全部螺纹长度的1/3，也不得＜20mm，一般长度为20～50mm。其舌板应在U型螺栓的中心轴线位置。拉线尾线留出长度300～500mm。拉线对地夹角应为45°，受限制时30°≤$\phi$≤60°，拉线应采用专用拉紧绝缘子和专用拉线抱箍。专用拉线抱箍装设在相对应横担下方距其中心100mm处，断开后绝缘子距地面≥2.5m。 | 拉线调好后，U型螺栓螺杆露扣＜1/2丝扣的长度。拉线尾线过长且不绑扎，不采用专用拉紧绝缘子和专用拉线抱箍，专用拉线抱箍与横担距离不符合要求。 |

| 编制项目 | 子项目 | 具体类别 | 总体要求及规范做法 | 工程质量存在的通病 |
|---|---|---|---|---|
| 4 拉线装设 | 4.2 水平拉线 | 4.2.1 水平拉线柱 | 水平拉线柱的埋设深度不应小于杆长的 1/6，拉线距路面中心的垂直距离≥6m，拉线柱坠线与拉线柱夹角≥30°，拉线柱应向反方向倾斜 10°～20°，坠线上端距柱顶应为 250mm；安装后拉线绝缘子应与上把拉线抱箍保持 3m 距离。水平拉线对通车路面边缘的垂直距离≥5m，拉线应采用专用拉紧绝缘子和专用拉线抱箍。专用拉线抱箍装设在相对应横担下方距其中心 100mm 处。 | 水平拉线柱的埋设深度小于杆长的 1/6，拉线距路面中心的垂直距离＜6m，拉线柱坠线与拉线柱夹角＜30°。水平拉线对通车路面边缘的垂直距离＜5m，不采用专用拉紧绝缘子和专用拉线抱箍，专用拉线抱箍与横担距离不符合要求。 |

| 编制项目 | 子项目 | 具体类别 | 总体要求及规范做法 | 工程质量存在的通病 |
|---|---|---|---|---|
| 4 拉线装设 | 4.3 共同拉线 | 4.3.1 共同拉线对道距离 | <br><br>拉线最低点对道路垂直距离≥6m，拉线应采用专用拉紧绝缘子和专用拉线抱箍，专用拉线抱箍装设在相对应横担下方距其中心100mm处。 | <br><br>拉线最低点对道路垂直距离<6m，不采用专用拉紧绝缘子和专用拉线抱箍，专用拉线抱箍与横担距离不符合要求。 |

| 编制项目 | 子项目 | 具体类别 | 总体要求及规范做法 | 工程质量存在的通病 |
|---|---|---|---|---|
| 4 拉线装设 | 4.4 自身拉线 | 4.4.1 自身拉线安装 | 自身拉线耐张段不宜过长，一般为5档（200m以内）；所拉电杆高度一般不高于10m；导线截面≤70mm²；电杆向外角预偏，其杆梢位移不大于杆梢直径，拉线采用专用拉紧绝缘子和专用拉线抱箍，专用拉线抱箍装设在相对应横担下方距其中心100mm处。 | 自身拉线耐张段过长，电杆未向外角预偏，不采用专用拉紧绝缘子和专用拉线抱箍，专用拉线抱箍与横担距离不符合要求。 |

| 编制项目 | 子项目 | 具体类别 | 总体要求及规范做法 | 工程质量存在的通病 |
|---|---|---|---|---|
| 4<br>拉线装设 | 4.5<br>V型拉线 | 4.5.1<br>V型拉线安装 | <br><br>　　V型拉线使用共同拉线盘，组成V型拉线的两条拉线应受力均匀一致。当拉线位于交通要道或人易接触的地方，须加装警示保护管套。保护套管上端距地面垂直距离≥2m，拉线应采用专用的拉紧绝缘子。 | <br><br>　　V型拉线的两条拉线受力不均，未加装警示保护套管，不采用专用的拉紧绝缘子。 |

| 编制项目 | 子项目 | 具体类别 | 总体要求及规范做法 | 工程质量存在的通病 |
|---|---|---|---|---|
| 4 拉线装设 | 4.6 顶杆 | 4.6.1 顶杆安装 | 顶杆底部埋深≥0.5m，且有防沉措施。与主杆之间夹角应满足设计要求，允许偏差为±5°，顶杆杆头与主杆接触处应有卡铁抱箍。 | 顶杆底部无防沉措施，与主杆之间夹角不满足要求。 |

# 5 导线架设

| 编制项目 | 子项目 | 具体类别 | 总体要求及规范做法 | 工程质量存在的通病 |
|---|---|---|---|---|
| 5 导线架设 | 5.1 绝缘导线 | 5.1.1 放线准备 | 　　线轴布置在交通方便地势平坦处。放线架支架应牢固，出线端应在线轴上方抽出，绝缘导线的绝缘层应紧密挤包，目测同心度无较大偏差且表面平整圆滑，色泽均匀，无尖角、颗粒，无灼焦痕迹。线轴应转动灵活，轴杠应水平，线轴制动装置应由双人双侧操作。 | 　　不采用双人双侧操作制动装置，导线线轴偏离轴杠中心线。放线时不检查导线表面是否平整圆滑，色泽均匀，无尖角、颗粒，无灼焦痕迹等，出线端在线轴下方抽出。 |

| 编制项目 | 子项目 | 具体类别 | 总体要求及规范做法 | 工程质量存在的通病 |
|---|---|---|---|---|
| 5 导线架设 | 5.1 绝缘导线 | 5.1.2 放线、紧线 | 绝缘导线展放时不得在地面、杆塔、横担、绝缘子或其他物体上拖拉，防止损伤绝缘层，应使用塑料滑轮或套有橡胶护套的铝滑轮；滑轮应具有防止线绳脱落的闭锁装置；滑轮的直径不应小于绝缘导线外径的 12 倍，槽深不小于绝缘导线外径的 1.25 倍，槽底部半径不小于 0.75 倍绝缘导线外径，轮槽槽倾角为 15°，应使用网套牵引绝缘导线。人力放线时，导线放线裕度平地增加 3%，丘陵增加 5%，山区增加 10%；在采用固定机械牵引放线时，平地增加 1.5%，丘陵增加 2%，山区增加 3%。 | 绝缘导线展放时，在地面、杆塔、横担、绝缘子或其他物体上面拖拉，绝缘层受到损伤，不使用塑料滑轮使用铝滑轮，滑轮不具有防止线绳脱落的闭锁装置或闭锁装置损坏。导线型号与滑轮型号不匹配，不使用网套牵引，导线裕留度不符合要求。 |

| 编制项目 | 子项目 | 具体类别 | 总体要求及规范做法 | 工程质量存在的通病 |
|---|---|---|---|---|
| 5 导线架设 | 5.1 绝缘导线 | 5.1.3 弛度观测 | 　　紧线段在 5 档及以下时，靠近中间选择一档；在 6～12 档时，靠近两端各选择 1 档；12 档以上时，靠近两端及中间各选择 1 档为观测档，施工时应考虑温度、导线的初伸长等因素，三相导线弧垂误差不应超过设计弧垂的 $-5\%$ 或 $+10\%$，同一档距内三相导线弧垂相差不宜超过 50mm。 | 　　三相导线的弧垂误差不符合设计要求，同一档距内的三相导线弧垂不一致，误差超过 50mm。 |

| 编制项目 | 子项目 | 具体类别 | 总体要求及规范做法 | 工程质量存在的通病 |
|---|---|---|---|---|
| 5 导线架设 | 5.1 绝缘导线 | 5.1.4 直线杆绑扎 | 绝缘导线固定在绝缘子顶槽内。采用≥2.5mm²的单股塑料铜线，严禁使用裸导线绑扎绝缘导线。绝缘导线与绝缘子接触部分应用绝缘自粘带缠绕，缠绕长度应超出绑扎部位或与绝缘子接触部位两侧各30mm，绑扎为里三外三压十字花，小辫压向受电侧。 | 绑线绑扎匝数不够，绝缘线与绝缘子接触部分未用绝缘自粘带缠绕。 |

| 编制项目 | 子项目 | 具体类别 | 总体要求及规范做法 | 工程质量存在的通病 |
|---|---|---|---|---|
| 5 导线架设 | 5.1 绝缘导线 | 5.1.5 直线转角杆（15°以下）绑扎 | 绝缘导线固定在转角外侧槽内。采用≥2.5mm² 的单股塑料铜线，严禁使用裸导线绑扎绝缘导线。绝缘导线与绝缘子接触部分应用绝缘自粘带缠绕，缠绕长度应超出绑扎部位或与绝缘子接触部位两侧各 30mm，绑扎为里三外三压十字花，小辫压向受电侧。 | 绑线绑扎匝数不够，绝缘导线与绝缘子接触部分未用绝缘自粘带缠绕。 |

| 编制项目 | 子项目 | 具体类别 | 总体要求及规范做法 | 工程质量存在的通病 |
|---|---|---|---|---|
| 5 导线架设 | 5.1 绝缘导线 | 5.1.6 接地环安装 | 一般中相接地环的安装点距离横担 800mm，两边相距离横担 500mm，安装后接地环应垂直向下，接地环与导线连接点应安装绝缘护罩。 | 各相接地环的安装点距离绝缘导线固定点的距离不一致，安装后接地环没有垂直向下，接地环与导线连接点不装设绝缘防护罩。 |

| 编制项目 | 子项目 | 具体类别 | 总体要求及规范做法 | 工程质量存在的通病 |
|---|---|---|---|---|
| 5 导线架设 | 5.2 裸导线 | 5.2.1 放线前检查 | 导线在展放过程中，对已展放的导线应进行外观检查，不应发生磨伤、断股、松股、扭曲、金钩、断头等现象。导线在同一处损伤，同时符合单股损伤深度小于直径的 1/2，钢芯铝绞线损伤截面小于导电部分截面积的 5%，且强度损失<4%，应将损伤处棱角与毛刺用 0 号砂纸磨光。其他损伤按规定修补。 | 导线在展放过程中，不进行外观检查，导线损伤不按要求进行磨光和修补。 |

| 编制项目 | 子项目 | 具体类别 | 总体要求及规范做法 | 工程质量存在的通病 |
|---|---|---|---|---|
| 5 导线架设 | 5.2 裸导线 | 5.2.2 放线、紧线 | <br><br>　　裸导线展放过程中，不得在地面、杆塔、横担、绝缘子或其他物体上拖拉，以免卡伤导线和瓷釉；滑轮应具有防止线绳脱落的闭锁装置；紧线前，应检查导线有无障碍物挂住。紧线时，应检查接线管或接线头以及滑轮、横担、树枝、房屋等处有无卡住现象。如遇导、地线有卡、挂现象，应松线后处理。人力放线时，导线放线裕度平地增加 3%，丘陵增加 5%，山区增加 10%；在采用固定机械牵引放线时，平地增加 1.5%，丘陵增加 2%，山区增加 3%。 | <br><br>　　裸导线放线未采用滑轮放线，放线时未设专职指挥人员。在地面、杆塔、横担、绝缘子或其他物体上面拖拉，滑轮不具有防止线绳脱落的闭锁装置或闭锁装置损坏。导线型号与滑轮型号不匹配，不使用网套牵引，导线裕度不符合要求。 |

| 编制项目 | 子项目 | 具体类别 | 总体要求及规范做法 | 工程质量存在的通病 |
|---|---|---|---|---|
| 5 导线架设 | 5.2 裸导线 | 5.2.3 弛度观测 | 　　紧线段在 5 档及以下时，靠近中间选择一档；在 6～12 档时，靠近两端各选择 1 档；12 档以上时，靠近两端及中间各选择 1 档为观测档，施工时应考虑温度、导线的初伸长等因素，三相导线弛垂误差不应超过设计弧垂的 −5% 或 +10%。同一档距内三相导线弧垂应一致，水平排列的导线弧垂相差不宜超过 50mm。 | 　　施工时未考虑温度、导线的初伸长等因素，三相导线弧垂误差不符合设计要求，同一档距内三相导线弧垂误差超过 50mm。 |

| 编制项目 | 子项目 | 具体类别 | 总体要求及规范做法 | 工程质量存在的通病 |
|---|---|---|---|---|
| 5 导线架设 | 5.2 裸导线 | 5.2.4 直线杆绑扎 | <br>　裸导线固定在绝缘子顶槽内。采用≥2.5mm² 的单股铝线，裸导线与绝缘子接触部分应用铝包带缠绕，缠绕长度应超出绑扎部位或与绝缘子接触部位两侧各 30mm，绑扎为里三外三压十字花，小辫压向受电侧。 | <br>　绑线绑扎匝数不够，裸导线与绝缘子接触部分未用铝包带缠绕。 |

| 编制<br>项目 | 子项目 | 具体<br>类别 | 总体要求及规范做法 | 工程质量存在的通病 |
|---|---|---|---|---|
| 5<br>导<br>线<br>架<br>设 | 5.2<br>裸<br>导<br>线 | 5.2.5<br>直<br>线<br>转<br>角<br>杆<br>（<br>15°<br>以<br>下<br>）<br>绑<br>扎 | <br><br>裸导线应固定在转角外侧槽内。采用≥2.5mm² 的单股铝线，裸导线与绝缘子接触部分应用铝包带缠绕，缠绕长度应超出绑扎部位或与绝缘子接触部位两侧各30mm，绑扎为里三外三压十字花，小辫压向受电侧。 | <br><br>绑线绑扎匝数不够，裸导线与绝缘子接触部分未用铝包带缠绕。 |

| 编制项目 | 子项目 | 具体类别 | 总体要求及规范做法 | 工程质量存在的通病 |
|---|---|---|---|---|
| 5 导线架设 | 5.3 导线连接 | 5.3.1 绝缘线夹安装 | 　架空绝缘导线连接引流线时，并沟线夹数量不应少于2个，并沟线夹型号与导线截面匹配，接头处应做好防水密封处理，连接面应平整、光洁，导线及并沟线夹槽内应清除氧化膜，涂电力复合脂；钢绞线与铝绞线的接头，宜采用铜铝过渡线夹、铜铝过渡线或采用铜线搪锡插接。 | 　架空绝缘导线连接引流线时，并沟线夹数量少于2个，并沟线夹型号与导线截面不匹配，接头处没有做防水密封处理，导线及并沟线夹内不清除氧化膜、不涂电力复合脂，钢绞线与铝绞线接头不采用铜铝过渡线夹和铜线搪锡插接。 |

| 编制项目 | 子项目 | 具体类别 | 总体要求及规范做法 | 工程质量存在的通病 |
|---|---|---|---|---|
| 5 导线架设 | 5.3 导线连接 | 5.3.2 线夹安装 | 裸导线连接金具安装时必须缠绕铝包带，长度符合要求，缠绕长度两侧应超出压接部分30mm，铝包带缠绕方向应与外层线股的绞制方向一致进行紧密缠绕，回头应回压。耐张线夹安装规范，钢芯铝绞线的跳线（引线）接头，一般宜采用2个并沟线夹，并沟线夹两侧导线截面不等时，应采用异型并沟线夹。 | 与裸导线接触的金具未装设铝包带进行防护，或铝包带缠绕未与外层线股的绞制方向一致，缠绕长度不符合要求，未进行回压。导线的连接采用单并沟线夹或缠绕连接，两侧导线截面不等时不采用异型并沟线夹。跳线弯曲不顺畅、变形歪扭。 |

| 编制项目 | 子项目 | 具体类别 | 总体要求及规范做法 | 工程质量存在的通病 |
|---|---|---|---|---|
| 5 导线架设 | 5.3 导线连接 | 5.3.3 承力接头制作 | 绝缘导线的连接一般采用液压对接接续管。分相架设的绝缘导线每根只允许有一个承力接头，承力接头距离导线固定点≥500mm，并按规定尺寸进行压模，接头处应做好防水密封处理。 | 分相架设的绝缘线每根有多个承力接头，承力接头距离导线固定点<500mm，接头处没有做防水密封处理或不平直。 |

# 6 变压器台组装

| 编制项目 | 子项目 | 具体类别 | 总体要求及规范做法 | 工程质量存在的通病 |
|---|---|---|---|---|
| 6 变压器台组装 | 6.1 一体化变压器台（YZA-1-CL-D1-02-04） | 6.1.1 变压器台杆 | 采用 B-190-12 型非预应力混凝土电杆，电杆埋设深度为 2.2m（含底盘高度 200mm），距自然地面 500mm 处喷涂埋深线，两基杆高低差＜20mm，迈步＜30mm，根开 2.5m，误差不应超过±30mm，电杆根部中心与线路中心线的横向位移≤50mm。各装设底盘 1 块。卡盘与线路平行且在两杆左、右侧交替埋设，卡盘上平面距离地面≥500mm。电杆应设防沉土台，其埋土高度应超出地面 300mm，其面积不应小于坑口面积。 | 两基杆高低差＞20mm，电杆偏移不垂直，无防沉土台，埋设深度＜2m，且无埋深标识；两杆卡盘未与线路平行埋设，部分不装设卡盘且在两杆同侧埋设。根开误差超过±30mm。 |

| 编制项目 | 子项目 | 具体类别 | 总体要求及规范做法 | 工程质量存在的通病 |
|---|---|---|---|---|
| 6 变压器台组装 | 6.1 一体化变压器台（YZA-1-CL-DI-02-04） | 6.1.2 接地装置 | 　　台架接地网为闭合环形，长、宽≥5m，坑深≥0.8m，坑宽≥0.4m，回填后沟面应设有100～300mm防沉土层。水平接地体采用—4×40扁钢。垂直接地体采用角钢或钢管，角钢厚度≥4mm，长度2500mm，下端部切割为45°～60°角；钢管壁厚≥3.5mm，下端部制作成锥形。根数按配变容量和土壤电阻率选择，极间距≥5m。引上线采用—4mm×40mm扁钢或直径16mm圆钢，接地体的埋深≥0.6m，且不应接近煤气及输水管道。扁钢搭接长度为其宽度的2倍，至少3个棱边焊接；圆钢搭接长度为其直径的6倍，两边焊接。圆钢与扁钢搭接长度为圆钢直径的6倍，两边焊接。焊口防腐、饱满，无虚焊、砂眼等现象。 | 　　接地引上线不符合要求，接地体未敷设成环形，深度达不到要求，焊接、防腐处理不符合要求。 |

| 编制项目 | 子项目 | 具体类别 | 总体要求及规范做法 | 工程质量存在的通病 |
|---|---|---|---|---|
| 6 变压器台组装 | 6.1 一体化变压器台（YZA-1-CL-D1-02-04） | 6.1.3 变压器台架安装 | <br>变压器台架采用纤维增强复合塑料（FPR）材质纵向一体化柱上变压器台成套装置，变压器台架底部对地距离 3.3m，台架抱箍应与杆体贴实，开口一致，且方向与横担垂直。变压器台架根开距离为 2.5m，台架安装应平整牢固，台架水平倾斜不应大于台架根开的 1/100。 | <br>变压器台架无上、下绝缘盖板，台架安装不平正，台架底部对地距离＜3.3m，台架水平倾斜度大于台架根开的 1/100。 |

| 编制项目 | 子项目 | 具体类别 | 总体要求及规范做法 | 工程质量存在的通病 |
|---|---|---|---|---|
| 6 变压器台组装 | 6.1 一体化变压器台（YZA-1-CL-D1-02-04） | 6.1.4 低压综合配电箱安装 | 低压综合配电箱选用纤维增强型不饱和聚酯树脂材料（SMC）或不锈钢材料，需按10kV一体化变台分册典设（2016版）要求配置无功补偿，若采用金属箱体时还应可靠接地，按需配置配电智能终端，箱体悬挂在变压器台架中间位置，其误差≤10mm，表箱顶部对地距离3.3m，低压综合配电箱进线采用阻燃软铜线，其中：200kVA以下变压器配电箱进线采用ZR-YJVR-1×150型阻燃软铜线；200kVA及以上变压器配电箱进线采用ZR-YJVR-1×300型阻燃软铜线，由配电箱侧面进线，控制箱上盖应紧贴槽钢。 | 金属低压综合配电箱箱体不进行接地，箱体顶部对地距离不足。箱体的固定位置与两基水泥杆的中心位置误差＞10mm，未采用专用的固定横担对其进行固定，低压综合配电箱进线采用铝导线或电缆代替ZR-YJVR-1×300（150）型阻燃软铜线。 |

| 编制项目 | 子项目 | 具体类别 | 总体要求及规范做法 | 工程质量存在的通病 |
|---|---|---|---|---|
| 6 变压器台组装 | 6.1 一体化变压器台（YZA-1-CL-D1-02-04） | 6.1.5 变压器安装 | <br><br>变压器居中安装在台架中间，装有气体继电器的变压器沿气体继电器方向应有1‰～1.5‰的升高坡度，高压套管与熔断器应安装在同一侧。变压器安装前应检查、核对分接开关位置、进行绝缘电阻测试。安装高、低压套管接线桩头时应涂抹导电膏。在变压器投运前，应检查压力释放阀，将压力释放阀中的压片取出后方可投运。 | <br><br>变压器不进行固定，沿气体继电器方向的升高坡度不符合要求，变压器安装前未检查、未核对分接开关位置、未进行绝缘电阻测试；安装高、低压套管接线桩头时不涂抹导电膏。 |

| 编制项目 | 子项目 | 具体类别 | 总体要求及规范做法 | 工程质量存在的通病 |
|---|---|---|---|---|
| 6 变压器台组装 | 6.1 一体化变压器台（YZA-1-CL-D1-02-04） | 6.1.6 10kV避雷器安装 | 10kV避雷器应用"2500V"绝缘电阻表测量，绝缘电阻不低于1000MΩ。10kV避雷器必须垂直安装，倾斜角≤15°，倾斜度<2%；带电部分与相邻导线或金属架的距离≥350mm，对地距离7.34m；与电气部分连接，不应使避雷器产生外加应力。避雷器引线应短而直，与导线连接要牢固、紧密；接头长度≥100mm，引线相间距离≥300mm，对地距离应≥200mm，采用绝缘导线时，引上线规格为：铜线≥16mm²，铝线≥25mm²；引下线规格为：铜线≥25mm²，铝线≥35mm²。引下线应可靠接地，接地电阻≤10Ω。避雷器与接地引下线连接应采用铜铝过渡接线鼻子。可卸式避雷器安装时，避雷器轴线与地面的垂线夹角应为15°～30°，对地距离≥200mm，相间距离≥350mm，上端接高压线，下端应可靠接地。 | 10kV避雷器安装倾斜角度和倾斜度不符合要求、未安装护罩、避雷器引上线、引下线弯曲，引下线未可靠接地，接地电阻>10Ω，避雷器相间、相邻导线间或对金属架间距离不符合要求，未采取铜铝过渡措施。 |

| 编制项目 | 子项目 | 具体类别 | 总体要求及规范做法 | 工程质量存在的通病 |
|---|---|---|---|---|
| 6 变压器台组装 | 6.1 一体化变压器台（YZA-1-CL-D1-02-04） | 6.1.7 变压器台接地线夹 | 接地环与避雷器一体安装在绝缘跌开横担上，安装在距地面7.64m处，接地线挂点与跌落开关上桩头的间距≥700mm，接地线挂点应方向一致，并在同一水平面上。 | 接地环与跌落开关上桩头的间距＜700mm，接地环方向不一致，不在同一水平面上。 |

| 编制项目 | 子项目 | 具体类别 | 总体要求及规范做法 | 工程质量存在的通病 |
|---|---|---|---|---|
| 6 变压器台组装 | 6.1 一体化变压器台（YZA-1-CL-D1-02-04） | 6.1.8 10kV跌落式熔断器安装 | 10kV跌落式熔断器绝缘子良好，熔丝管不应有吸潮膨胀或弯曲，铸件不应有裂纹、砂眼等异常现象；熔断器绝缘横担距地面8.14m，安装牢固、排列整齐、高低一致，熔管轴线与地面的垂线夹角应为15°～30°，安装完毕后应进行3次以上拉合试验。三相之间的水平距离≥500mm，高压引下线的相间距离≥300mm，对电杆及构件距离≥200mm；跌落式熔断器应安装绝缘护罩，绝缘护罩黄、绿、红标识与变压器高压侧相位一致。高压侧熔丝额定电流选择，$S_B$≤100kVA者，按配变（2～3）$I_{1n}$选择，$S_B$>100kVA者，按配变（1.5～2）$I_{1n}$选择；低压侧按配变$I_{2n}$选择。 | 10kV跌落式熔断器安装高度不够，不牢固、排列不整齐、高低不一致，熔管轴线与地面的垂线夹角不符合要求，不进行拉合试验，绝缘护罩黄、绿、红标识与变压器高压侧相位不一致，高压熔丝额定电流不按要求选择。 |

| 编制项目 | 子项目 | 具体类别 | 总体要求及规范做法 | 工程质量存在的通病 |
|---|---|---|---|---|
| 6 变压器台组装 | 6.1 一体化变压器台（YZA-1-CL-D1-02-04） | 6.1.9 变压器高、低压侧引线安装 | 10kV 跌落式熔断器前、后端选用 JKLYJ-10/50 型绝缘导线，与线路搭接处采用带绝缘护罩的双线夹固定，并涂抹导电膏，绝缘护罩安装位置不得颠倒，有引出线的要一律向下，两端口需用绝缘自粘带绑扎两层以上。变压器高压侧套管前引线采用 YJV-8.7/15kV-1×35 高压单芯电缆，并制作户外电缆终端头，色标与变压器高压侧相位一致。200kVA 以下变压器配电箱进线采用 ZR-YJVR-1×150 阻燃软铜线；200kVA 及以上变压器配电箱进线采用 ZR-YJVR-1×300 型阻燃软铜线，由配电箱侧面进线。 | 10kV 跌落式熔断器前引线与线路搭接处未采用带绝缘护罩的双并沟线夹固定，不涂抹导电膏，绝缘护罩安装位置颠倒，两端口不缠绕绝缘自粘带；变压器高压侧套管前高压单芯电缆色标与变压器高压侧相位不一致，高、低压侧引线截面及型号不按标准选择。 |

| 编制项目 | 子项目 | 具体类别 | 总体要求及规范做法 | 工程质量存在的通病 |
|---|---|---|---|---|
| 6 变压器台组装 | 6.1 一体化变压器台（YZA-1-C1-D1-02-04） | 6.1.10 变压器台低压返出线 | 变压器台低压返出线采用单芯低压电缆或低压绝缘导线，其中：200kVA 以下配变选用 ZC-YJV-0.6/1kV-1×150 型单芯电缆或 JKTRYJ-1/150 型绝缘导线，200kVA 及以上配变选用 ZC-YJV-0.6/1kV-1×300 型单芯电缆或 JKTRYJ-1/300 型绝缘导线。均由绝缘线槽内返出，变压器台低压返出线电缆应制作终端头，电缆弯曲半径应大于电缆直径的 15 倍，电缆出线色标与变压器相位一致。 | 不按要求选择低压返出线，变压器台低压返出线电缆不制作终端头；电缆弯曲半径小于电缆直径的 15 倍，变压器台低压电缆返出线色标与变压器相位不一致。 |

| 编制项目 | 子项目 | 具体类别 | 总体要求及规范做法 | 工程质量存在的通病 |
|---|---|---|---|---|
| 6 变压器台组装 | 6.1 一体化变压器台（YZA-1-GL-D1-02-04） | 6.1.11 变压器台设备接地安装 | 接地引下线采用直径 16mm 的圆钢或－4×40 扁钢，自地下 0.2m 至地上 2m 范围内应有绝缘保护措施；变压器容量 100kVA 及以上的接地装置的接地电阻≤4Ω，容量 100kVA 以下的接地装置的接地电阻≤10Ω。10kV 避雷器、变压器外壳、变压器中性点、电缆屏蔽层应接地。 | 变压器台接地引下线自地下 0.2m 至地上 2m 范围内未绝缘塑封，变压器台接地电阻不合格。10kV 避雷器、变压器外壳、变压器中性点接地线串接，电缆屏蔽层不接地。 |

| 编制项目 | 子项目 | 具体类别 | 总体要求及规范做法 | 工程质量存在的通病 |
|---|---|---|---|---|
| 6 变压器台组装 | 6.1 一体化变压器台（YZA-1-CL-D1-02-04） | 6.1.12 变压器高压侧护罩安装 | 变压器高压侧套管应安装绝缘护罩，绝缘强度≥20kV/mm，耐老化。绝缘护罩排列整齐牢固且黄、绿、红标识与变压器高压侧相位一致。 | 变压器高压侧套管未安装绝缘护罩；变压器高压侧绝缘护罩黄、绿、红标识与变压器高压侧相位不一致。 |

| 编制项目 | 子项目 | 具体类别 | 总体要求及规范做法 | 工程质量存在的通病 |
|---|---|---|---|---|
| 6 变压器台组装 | 6.1 一体化变压器台（YZA-1-CL-D1-02-04） | 6.1.13 变压器低压侧护罩安装 | | |
| | | | 变压器低压侧套管应安装绝缘护罩，绝缘强度≥20kV/mm，耐老化。绝缘护罩排列整齐牢固且黄、绿、红、黑标识与变压器低压侧相位一致。 | 变压器低压侧套管未安装绝缘护罩；变压器低压侧绝缘护罩黄、绿、红、黑标识与变压器低压侧相位不一致。 |

| 编制项目 | 子项目 | 具体类别 | 总体要求及规范做法 | 工程质量存在的通病 |
|---|---|---|---|---|
| 6 变压器台组装 | 6.2 普通变压器台（ZA-1-CL-D1-02-02） | 6.2.1 变压器台杆组立 | <br><br>采用 B-190-12 型非预应力混凝土电杆，电杆埋设深度为 2.2m（含底盘高度 200mm），距自然地面 500mm 处喷涂埋深线，两基杆高低差＜20mm，迈步＜30mm，根开 2.5m，误差不应超过±30mm，电杆根部中心与线路中心线的横向位移≤50mm，各装设底盘 1 块。卡盘与线路平行且在两杆左、右侧交替埋设，卡盘上平面距离地面≥500mm。电杆应设防沉土台，其埋土高度应超出地面 300mm，其面积不应小于坑口面积。 | <br><br>两基杆高低差＞20mm，电杆偏移不垂直，无防沉土台，埋设深度＜2m，且无埋深标识；两杆卡盘未与线路平行埋设，部分不装设卡盘且在两杆同侧埋设。根开误差超过±30mm。 |

| 编制项目 | 子项目 | 具体类别 | 总体要求及规范做法 | 工程质量存在的通病 |
|---|---|---|---|---|
| 6 变压器台组装 | 6.2 普通变压器台（ZA-1-CL-D1-02-02） | 6.2.2 变压器台架安装 | 变压器固定台架中心对地距离3.4m，台架抱箍应与杆体贴实，开口一致，且方向与横担垂直。变压器台架根开距离为2.5m，台架安装应平整牢固，台架水平倾斜不应大于台架根开的1/100。 | 台架安装不平正，倾斜大于台架根开的1/100，变压器固定台架中心对地距离＜3.4m。 |

| 编制项目 | 子项目 | 具体类别 | 总体要求及规范做法 | 工程质量存在的通病 |
|---|---|---|---|---|
| 6 变压器台组装 | 6.2 普通变压器台（ZA-1-CL-D1-02-02） | 6.2.3 低压综合配电箱安装 | 低压综合配电箱选用纤维增强型不饱和聚酯树脂材料（SMC）或不锈钢材料，需按 10kV 配电变台分册典设（2016 版）要求配置无功补偿，若采用金属箱体时还应可靠接地，按需配置配电智能终端，箱体悬挂在变压器台架中间位置，其误差≤10mm，表箱顶部对地距离 3.33m，低压综合配电箱进线采用低压绝缘导线或单芯电缆，其中：200kVA 以下变压器配电箱进线采用 JK-TRYJ-1/150 型绝缘导线或 ZC-YJV-0.6/1kV-1×150 型单芯电缆，200kVA 及以上变压器配电箱进线采用 JK-TRYJ-1/300 型绝缘导线或 ZC-EFR-0.6/1kV-1×300 型或 ZC-YJV-0.6/1kV-1×300 型单芯电缆。 | 金属低压综合配电箱箱体不进行接地，箱体顶部对地距离不足。箱体的固定位置与两基水泥杆的中心位置误差＞10mm，未采用专用的固定横担对其进行固定，低压综合配电箱进线选择不符合要求。 |

| 编制项目 | 子项目 | 具体类别 | 总体要求及规范做法 | 工程质量存在的通病 |
|---|---|---|---|---|
| 6 变压器台组装 | 6.2 普通变压器台（ZA-1-CL-D1-02-02） | 6.2.4 变压器安装 | <br><br> 　　变压器居中安装在台架中间，装有气体继电器的变压器沿气体继电器方向应有1%～1.5%的升高坡度，高压套管与熔断器应安装在同一侧。变压器安装前应检查、核对分接开关位置、进行绝缘电阻测试。安装高、低压套管接线桩头时应涂抹导电膏。在变压器投运前，应检查压力释放阀，将压力释放阀中的压片取出后方可投运。 | <br><br> 　　变压器不进行固定，沿气体继电器方向的升高坡度不符合要求，变压器安装前未检查、未核对分接开关位置、未进行绝缘电阻测试；安装高、低压套管接线桩头时不涂抹导电膏。 |

| 编制项目 | 子项目 | 具体类别 | 总体要求及规范做法 | 工程质量存在的通病 |
|---|---|---|---|---|
| 6 变压器台组装 | 6.2 普通变压器台（ZA-1-CL-D1-02-02） | 6.2.5 10kV避雷器安装 | 10kV避雷器应用"2500V"绝缘电阻表测量，绝缘电阻不低于1000MΩ。10kV避雷器必须垂直安装，倾斜角≤15°，倾斜度<2%；带电部分与相邻导线或金属架的距离≥350mm，对地距离7.3m；与电气部分连接，不应使避雷器产生外加应力。避雷器引线应短而直，与导线连接要牢固、紧密；接头长度≥100mm，引线相间距离≥300mm，对地距离应≥200mm，采用绝缘导线时，引上线规格为：铜线≥16mm²，铝线≥25mm²；引下线规格为：铜线≥25mm²，铝线≥35mm²。引下线应可靠接地，接地电阻≤10Ω。避雷器与接地引下线连接应采用铜铝过渡接线鼻子。可卸式避雷器安装时，避雷器轴线与地面的垂线夹角应为15°～30°，对地距离≥200mm，相间距离≥350mm，上端接高压线，下端应可靠接地。 | 10kV避雷器安装倾斜角度和倾斜度不符合要求、未安装护罩、避雷器引上线、引下线弯曲，引下线未可靠接地，接地电阻>10Ω，避雷器相间、相邻导线间或对金属架间距离不符合要求，未采取铜铝过渡措施。 |

| 编制项目 | 子项目 | 具体类别 | 总体要求及规范做法 | 工程质量存在的通病 |
|---|---|---|---|---|
| 6 变压器台组装 | 6.2 普通变压器台（ZA-1-CL-D1-02-02） | 6.2.6 10kV跌落式熔断器安装 | 10kV跌落式熔断器绝缘子良好，熔丝管不应有吸潮膨胀或弯曲，铸件不应有裂纹、砂眼等异常现象；熔断器绝缘横担距地面8.1m，安装牢固、排列整齐、高低一致，熔管轴线与地面的垂线夹角应为15°～30°，安装完毕后应进行3次以上拉合试验。三相之间的水平距离≥500mm，高压引下线的相间距离≥300mm，对电杆及构件距离≥200mm；跌落式熔断器应安装绝缘护罩，绝缘护罩黄、绿、红标识与变压器高压侧相位一致。高压侧熔丝额定电流选择，$S_B \leqslant 100kVA$者，按配电变压器（2～3）$I_{1n}$，选择，$S_B > 100kVA$者，按配电变压器（1.5～2）$I_{1n}$选择；低压侧按配电变压器$I_{2n}$选择。 | 10kV跌落式熔断器安装高度不够，不牢固、排列不整齐、高低不一致，熔管轴线与地面的垂线夹角不符合要求，不进行拉合试验，绝缘护罩黄、绿、红标识与变压器高压侧相位不一致，高压熔丝额定电流不按要求选择。 |

| 编制项目 | 子项目 | 具体类别 | 总体要求及规范做法 | 工程质量存在的通病 |
|---|---|---|---|---|
| 6<br>变<br>压<br>器<br>台<br>组<br>装 | 6.2<br>普<br>通<br>变<br>压<br>器<br>台<br>（ZA-1-CL-D1-02-02） | 6.2.7<br>变<br>压<br>器<br>高<br>、<br>低<br>压<br>侧<br>引<br>线<br>安<br>装 | <br><br>　　10kV 跌落式熔断器前端选用 JKLYJ-10/50 型、后端选用 JKTRYJ-10/35 型绝缘导线，变压器台高压侧引线与线路搭接处采用带绝缘护罩的双线夹固定，两端口需用绝缘自粘带绑扎两层以上，引线与柱式绝缘子使用≥2.5mm² 的单股塑料铜线绑扎，与绝缘子接触部分应缠绕绝缘自粘带，缠绕长度超出绑扎或与绝缘子接触部位两侧各 30mm。变压器高压侧引线选用 ZRYJV-8.7/15kV-3×35 型三芯电缆，配电箱进线 200kVA 以下变压器选用 JKTRYJ-1/150 型绝缘导线或 ZC-YJV-0.6/1kV-1×150 型单芯电缆，200kVA 及以上选用 JKTRYJ-1/300 型绝缘导线、ZC-EFR-0.6/1kV-1×300 型或 ZC-YJV-0.6/1kV-1×300 型单芯电缆。 | <br><br>　　变压器台高压侧引线与线路搭接处未选用带绝缘护罩的双线夹固定；变压器台高压侧引线与柱式绝缘子绑扎选用的绑线不符合要求，变压器高、低压侧引线选择不符合要求。 |

| 编制项目 | 子项目 | 具体类别 | 总体要求及规范做法 | 工程质量存在的通病 |
|---|---|---|---|---|
| 6 变压器台组装 | 6.2 普通变压器台（ZA-1-CL-D1-02-02） | 6.2.8 变压器台接地线夹安装 | 变压器台绝缘接地线夹应选用穿刺型，接地环应安装在熔断器横担以下350mm处，接地环与跌落开关上桩头的距离≥700mm，接地环应方向一致，并在同一水平面上。三相引线弧度应一致，不应使接线端子受力。 | 变压器台不装设接地线夹，接地环安装位置距熔断器横担不足350mm，接地环与跌落开关上桩头的距离＜700mm，接地环方向不一致，不在同一水平面上。三相引线弧度不一致。 |

| 编制项目 | 子项目 | 具体类别 | 总体要求及规范做法 | 工程质量存在的通病 |
|---|---|---|---|---|
| 6 变压器台组装 | 6.2 普通变压器台（ZA-1-CL-D1-02-02） | 6.2.9 变压器台低压返出线安装 | 变压器台低压返出线采用相应安全载流量的低压电缆或低压绝缘导线，采用3副抱箍固定（电缆卡具与低压电缆固定处加绝缘垫层），抱箍排列整齐、间距分别为1.4m和1.5m，最下层抱箍下沿距地面垂直距离2.3m、最上层抱箍下沿距低压横担上沿垂直距离0.8m；变压器台低压返出线电缆应制作终端头，电缆弯曲半径应大于电缆直径的15倍，电缆出线色标与变压器相位一致。 | 变压器台低压返出线电缆不制作电缆终端头；电缆弯曲半径应小于电缆直径的15倍，变压器台低压电缆返出线色标与变压器相位不一致。 |

| 编制项目 | 子项目 | 具体类别 | 总体要求及规范做法 | 工程质量存在的通病 |
|---|---|---|---|---|
| 6 变压器台组装 | 6.2 普通变压器台（ZA-1-CL-D1-02-02） | 6.2.10 变压器台设备接地安装 | <br><br>接地引下线采用直径16mm的圆钢或−4×40mm扁钢，自地下0.2m至地上2m范围内应有绝缘保护措施；变压器容量100kVA及以上的接地装置的接地电阻≤4Ω，容量100kVA以下的变压器接地装置的接地电阻≤10Ω。10kV避雷器、变压器外壳、变压器中性点应分别单独接地，电缆屏蔽层应接地。 | <br><br>变压器台接地引下线自地下0.2m至地上2m范围内未绝缘塑封，变压器台接地电阻不合格。10kV避雷器、变压器外壳、变压器中性点接地线串接，电缆屏蔽层不接地。 |

| 编制项目 | 子项目 | 具体类别 | 总体要求及规范做法 | 工程质量存在的通病 |
|---|---|---|---|---|
| 6 变压器台组装 | 6.2 普通变压器台 （ZA-1-CL-D1-02-02） | 6.2.11 变压器高压护罩安装 | 变压器高压侧套管应安装绝缘护罩，绝缘强度≥20kV/mm，耐老化。绝缘护罩排列整齐牢固且黄、绿、红标识与变压器高压侧相位一致。 | 变压器高压侧套管未安装绝缘护罩；变压器一高压侧绝缘护罩黄、绿、红标识与变压器高压侧相位不一致。 |

| 编制项目 | 子项目 | 具体类别 | 总体要求及规范做法 | 工程质量存在的通病 |
|---|---|---|---|---|
| 6 变压器台组装 | 6.2 普通变压器台（ZA-1-CL-D1-02-02） | 6.2.12 变压器低压护罩安装 | 变压器低压侧套管应安装绝缘护罩，绝缘强度≥20kV/mm，耐老化。绝缘护罩排列整齐牢固且黄、绿、红、黑标识与变压器低压侧相位一致。 | 变压器低压侧套管未安装绝缘护罩；变压器低压侧绝缘护罩黄、绿、红、黑标识与变压器低压侧相位不一致。 |

| 编制项目 | 子项目 | 具体类别 | 总体要求及规范做法 | 工程质量存在的通病 |
|---|---|---|---|---|
| 6 变压器台组装 | 6.3 机井通电变压器台（JZA-1-CX-D1-04） | 6.3.1 变压器台杆组立 | 采用 B-190-12 型非预应力混凝土电杆，电杆埋设深度为 2.2m（含底盘高度 200mm），距自然地面 500mm 处喷涂埋深线，两基杆高低差＜20mm，迈步＜30mm，根开 2.5m，误差不应超过±30mm，电杆根部中心与线路中心线的横向位移≤50mm，各装设底盘 1 块，卡盘与线路平行且在两杆左、右侧交替埋设，卡盘上平面距离地面≥500mm。电杆应设防沉土台，其埋设高度应超出地面 300mm，其面积不应小于坑口面积。 | 两基杆高低差＞20mm，电杆偏移不垂直，无防沉土台，埋设深度＜2m，且无埋深标识；两杆卡盘未与线路平行埋设，部分不装设卡盘且在两杆同侧埋设。根开误差超过±30mm。 |

| 编制项目 | 子项目 | 具体类别 | 总体要求及规范做法 | 工程质量存在的通病 |
|---|---|---|---|---|
| 6 变压器台组装 | 6.3 机井通电变压器台（JZA-1-CX-D1-04） | 6.3.2 变压器台架安装 | 变压器固定台架中心对地距离3.4m，台架抱箍应与杆体贴实，开口一致，且方向与横担垂直。变压器台架根开距离为2.5m，台架安装应平整牢固，台架水平倾斜不大于台架根开的1/100。 | 台架安装不平正，固定台架中心对地距离＜3.4m，台架水平倾斜大于台架根开的1/100。 |

| 编制项目 | 子项目 | 具体类别 | 总体要求及规范做法 | 工程质量存在的通病 |
|---|---|---|---|---|
| 6 变压器台组装 | 6.3 机井通电变压器台（JZA-1-CX-D1-04） | 6.3.3 低压综合配电箱安装 | 　　低压综合配电箱选用纤维增强型不饱和聚酯树脂材料（SMC）或不锈钢材料，若采用金属箱体时还应可靠接地，不宜配置无功补偿装置，按需配置配电智能终端，表箱顶部对地距离 3.33m，采用横担托装方式固定，固定在两基水泥杆的中心位置，其误差应≤10mm。低压综合配电箱进线采用低压绝缘导线或单芯电缆，100kVA 及以下变压器配电箱进线采用 JKTRYJ-1/50 型绝缘导线或 ZC-YJV-0.6/1kV-1×50 型单芯电缆，由配电箱侧面进线。 | 　　金属低压综合配电箱箱体不进行接地，箱体顶部对地距离不足。部分不采用横担托装方式固定，箱体固定位置与两基水泥杆的中心误差＞10mm，箱体的固定偏移中间位置，未采用专用的固定横担对其进行固定。 |

| 编制项目 | 子项目 | 具体类别 | 总体要求及规范做法 | 工程质量存在的通病 |
|---|---|---|---|---|
| 6 变压器台组装 | 6.3 机井通电变压器台（JZA-1-CX-D1-04） | 6.3.4 变压器安装 | <br><br>变压器居中安装在台架中间，装有气体继电器的变压器沿气体继电器方向应有 1%～1.5% 的升高坡度，高压套管与熔断器应安装在同一侧。变压器安装前应检查、核对分接开关位置、进行绝缘电阻测试。安装高、低压套管接线桩头时应涂抹导电膏。在变压器投运前，应检查压力释放阀，将压力释放阀中的压片取出后方可投运。 | <br><br>变压器不进行固定，沿气体继电器方向的坡度不符合要求，变压器安装前未检查、未核对分接开关位置、未进行绝缘电阻测试；安装高、低压套管接线桩头时不涂抹导电膏。 |

| 编制项目 | 子项目 | 具体类别 | 总体要求及规范做法 | 工程质量存在的通病 |
|---|---|---|---|---|
| 6变压器台组装 | 6.3机井通电变压器台（JZA-1-CX-D1-04） | 6.3.5 10kV避雷器安装 | <br>10kV避雷器应用"2500V"绝缘电阻表测量，绝缘电阻不低于1000MΩ。10kV避雷器必须垂直安装，倾斜角≤15°，倾斜度<2%；带电部分与相邻导线或金属架的距离≥350mm，对地距离5.2m；与电气部分连接，不应使避雷器产生外加应力。避雷器引线应短而直，与导线连接要牢固、紧密；接头长度≥100mm，引线相间距离≥300mm，对地距离应≥200mm，采用绝缘导线时，引上线规格为：铜线≥16mm²，铝线≥25mm²；引下线规格为：铜线≥25mm²，铝线≥35mm²。引下线应可靠接地，接地电阻≤10Ω。避雷器与接地引下线连接应采用铜铝过渡接线鼻子。可卸式避雷器安装时，避雷器轴线与地面的垂线夹角为15°～30°，对地距离≥200mm，相间距离≥350mm，上端接高压线，下端应可靠接地。 | <br>10kV避雷器安装倾斜角度和倾斜度不符合要求、未安装护罩、避雷器引上线、引下线弯曲，引下线未可靠接地，接地电阻>10Ω，避雷器相间、相邻导线间或对金属架间距离不符合要求，未采取铜铝过渡措施。 |

| 编制项目 | 子项目 | 具体类别 | 总体要求及规范做法 | 工程质量存在的通病 |
|---|---|---|---|---|
| 6 变压器台组装 | 6.3 机井通电变压器台 (JZA-1-CX-D1-04) | 6.3.6 10kV跌落式熔断器安装 | 10kV跌落式熔断器绝缘件良好，熔丝管不应有吸潮膨胀或弯曲，铸件不应有裂纹、砂眼等异常现象；熔断器绝缘横担距地面6m，安装牢固、排列整齐、高低一致，熔管轴线与地面的垂线夹角应为15°～30°，安装完毕后应进行3次以上拉合试验。三相之间的水平距离≥500mm，高压引下线的相间距离≥300mm，对电杆及构件距离≥200mm；跌落式熔断器应安装绝缘护罩，绝缘罩黄、绿、红标识与变压器高压侧相位一致。高压侧熔丝额定电流选择，$S_B≤100kVA$者，按配电变压器$(2～3)I_{1n}$选择，$S_B>100kVA$者，按配电变压器$(1.5～2)I_{1n}$选择；低压侧按配电变压器$I_{2n}$选择。 | 10kV跌落式熔断器安装高度不够，不牢固、排列不整齐、高低不一致，熔管轴线与地面的垂线夹角不符合要求，不进行拉合试验，绝缘罩黄、绿、红标识与变压器高压侧相位不一致，高压熔丝额定电流不按要求选择。 |

| 编制项目 | 子项目 | 具体类别 | 总体要求及规范做法 | 工程质量存在的通病 |
|---|---|---|---|---|
| 6 变压器台组装 | 6.3 机井通电变压器台（JZA-1-CX-D1-04） | 6.3.7 变压器高、低压侧引线安装 | 10kV跌落式熔断器前端选用 JKLYJ-10/50 型、后端选用 JKRYJ-10/35 型绝缘导线，变压器台高压侧引线与线路搭接处采用带绝缘护罩的双线夹固定，两端口需用绝缘自粘带绑扎两层以上，引线与柱式绝缘子使用≥2.5mm² 的单股塑料铜线绑扎，与绝缘子接触部分应缠绕绝缘自粘带，缠绕长度超出绑扎或与绝缘子接触部分两侧各 30mm。变压器高压侧引线选用 JKRYJ-10/35 型绝缘导线，100kVA 及以下变压器配电箱进线采用 JK-TRYJ-1/50 型绝缘导线或 ZC-YJV-0.6/1kV-1×50 型单芯电缆，由配电箱侧面进线。 | 变压器台高压引线与线路搭接处未采用带绝缘护罩的双线夹固定，变压器台高压侧引线与柱式绝缘子绑扎选用的绑线不符合要求，变压器高、低压侧引线选择不符合要求。 |

| 编制项目 | 子项目 | 具体类别 | 总体要求及规范做法 | 工程质量存在的通病 |
|---|---|---|---|---|
| 6 变压器台组装 | 6.3 机井通电变压器台 （JZA-1-CX-D1-04） | 6.3.8 变压器台接地线夹安装 | 变压器台绝缘接地线夹选用一体型，接地线悬挂点与跌落开关上桩头的间距≥700mm，接地线悬挂点应方向一致，并在同一水平面上。三相引线弧度应一致。 | 变压器台接地环安装位置距熔断器横担侧装绝缘子中心水平面以下不足350mm，接地环与跌落开关上桩头的间距＜700mm，接地环方向不一致，不在同一水平面上。三相引线弧度不一致。 |

| 编制项目 | 子项目 | 具体类别 | 总体要求及规范做法 | 工程质量存在的通病 |
|---|---|---|---|---|
| 6 变压器台组装 | 6.3 机井通电变压器台 （JZA-1-CX-D1-04） | 6.3.9 变压器台低压返出线安装 | <br><br>变压器台低压返出线采用相应安全载流量的低压电缆或绝缘导线，固定牢固；变压器台低压返出线的低压电缆应制作终端头，电缆弯曲半径应大于电缆直径的15倍，电缆出线色标与变压器相位一致。 | <br><br>不按要求选择低压返出线，变压器台低压返出线的低压电缆未制作电缆终端头；电缆弯曲半径小于电缆直径的15倍，变压器台低压电缆返出线色标与变压器相位不一致。 |

| 编制项目 | 子项目 | 具体类别 | 总体要求及规范做法 | 工程质量存在的通病 |
|---|---|---|---|---|
| 6 变压器台组装 | 6.3 机井通电变压器台（JZA-1-CX-D1-04） | 6.3.10 变压器台设备接地安装 | <br><br>接地引下线采用直径 16mm 的圆钢或－4×40mm 扁钢，自地下 0.2m 至地上 2m 范围内应有绝缘保护措施；变压器容量 100kVA 及以上的接地装置的接地电阻≤4Ω，容量 100kVA 以下的变压器接地装置的接地电阻≤10Ω。10kV 避雷器、变压器外壳、变压器中性点应分别单独接地，电缆屏蔽层应接地。 | <br><br>变压器台接地引下线自地下 0.2m 至地上 2m 范围内未绝缘塑封，变压器台接地电阻不合格，接地引下线位涂黄绿相间的相色漆。10kV 避雷器、变压器外壳、变压器中性点接地线串接，电缆屏蔽层不接地。 |

| 编制项目 | 子项目 | 具体类别 | 总体要求及规范做法 | 工程质量存在的通病 |
|---|---|---|---|---|
| 6 变压器台组装 | 6.3 机井通电变压器台（JZA-1-CX-D1-04） | 6.3.11 变压器高压护罩安装 | 变压器高压侧套管应安装绝缘护罩，绝缘强度≥20kV/mm，耐老化。绝缘护罩排列整齐牢固且黄、绿、红标识与变压器高压侧相位一致。 | 变压器高压侧套管未安装绝缘护罩；变压器高压侧绝缘护罩黄、绿、红标识与变压器高压侧相位不一致。 |

| 编制项目 | 子项目 | 具体类别 | 总体要求及规范做法 | 工程质量存在的通病 |
|---|---|---|---|---|
| 6 变压器台组装 | 6.3 机井通电变压器台（JZA-1-CX-D1-04） | 6.3.12 变压器低压护罩安装 | <br><br>变压器低压侧套管应安装绝缘护罩，绝缘强度≥20kV/mm，耐老化。绝缘护罩排列整齐牢固且黄、绿、红、蓝标识与变压器低压侧相位一致。 | <br><br>变压器低压侧套管未安装绝缘护罩；变压器低压侧绝缘护罩黄、绿、红、蓝标识与变压器低压侧相位不一致。 |

# 7 开关安装

| 编制项目 | 子项目 | 具体类别 | 总体要求及规范做法 | 工程质量存在的通病 |
|---|---|---|---|---|
| 7 开关安装 | 7.1 10kV柱上开关 | 7.1.1 支架安装 | 支架应安装牢固可靠，开关水平倾斜不大于支架长度的1/100，垂直倾斜≤1.5/1000。 | 支架安装歪斜，水平倾斜大于支架长度的1/100，垂直倾斜＞1.5/1000。 |

| 编制项目 | 子项目 | 具体类别 | 总体要求及规范做法 | 工程质量存在的通病 |
|---|---|---|---|---|
| 7 开 关 安 装 | 7.1 10 kV 柱 上 开 关 | 7.1.2 开 关 本 体 安 装 | 开关本体安装前应检查瓷件是否良好、外壳是否干净，SF₆压力值或真空度符合要求，手动储能及分、合闸试验检查，机械良好，无异声，开关安装应牢固，安装完毕后分、合操作 3 次以上，机械良好，无异声，分、合闸位置指示正确。二次回路绝缘电阻值＞10mΩ，外壳接地可靠，接地电阻≤10Ω，引线的连接应紧密，引线相间距离≥300mm，对电杆及构件间距离≥200mm；开关两侧应加装避雷器，带保护开关"TV"应装在电源侧。同杆上装设两台及以上开关时，每台应有各自标识。 | 开关安装前不进行外观检查，开关不按要求固定，采用铁线绑扎。安装完毕后不进行 3 次以上分、合试验，横担、抱箍、金具、螺栓等铁件锈蚀，接地电阻＞10Ω，开关两侧不加装或一侧加装避雷器，引线相间距离及对电杆、构件距离不符合要求，带保护开关"TV"安装方向不正确。 |

| 编制项目 | 子项目 | 具体类别 | 总体要求及规范做法 | 工程质量存在的通病 |
|---|---|---|---|---|
| 7 开关安装 | 7.1 10kV柱上开关 | 7.1.3 设备线夹安装 | 设备线夹应安装牢固可靠，不应受力变形。绝缘导线与设备线夹接触部分应缠绕铝包带。螺丝紧固应加平垫和弹簧垫。 | 设备线夹受力变形，绝缘导线与设备线夹接触部分不缠绕铝包带。螺丝紧固不加装平垫和弹簧垫。 |

| 编制项目 | 子项目 | 具体类别 | 总体要求及规范做法 | 工程质量存在的通病 |
|---|---|---|---|---|
| 7 开关安装 | 7.1 10kV柱上开关 | 7.1.4 绝缘引线连接 | 引线与干线连接点应牢固美观，引线与干线间应进行绑扎，安装平整，高低一致，引线相间水平距离≥300mm，与电杆及构件间距离≥200mm，引线连接紧密，导电良好，必要时涂导电膏或电力复合脂。不同金属连接应采取过渡措施，防止接点处线夹受力。绝缘引线与设备连接应采用专用设备线夹并缠绕铝包带，接头的裸露部分须安装专用绝缘护罩。两端口必须用绝缘自粘带绑扎两层以上。螺丝紧固应加装平垫和弹簧垫。 | 引线与干线间不绑扎，引线间及对电杆、构件间电气距离不符合要求。绝缘引线与设备连接部分不采用专用设备线夹和不缠绕铝包带。接头的裸露部分没有安装专用绝缘护罩，绝缘护罩两端口不用绝缘自粘带绑扎。 |

| 编制项目 | 子项目 | 具体类别 | 总体要求及规范做法 | 工程质量存在的通病 |
|---|---|---|---|---|
| 7 开关安装 | 7.1 10kV柱上开关 | 7.1.5 接地安装 | 开关外壳应可靠接地，接地电阻≤10Ω，接地线每间隔1m采用专用不锈钢扎带进行固定绑扎。 | 接地线未用不锈钢扎带绑扎，接地电阻值>10Ω。 |

| 编制项目 | 子项目 | 具体类别 | 总体要求及规范做法 | 工程质量存在的通病 |
|---|---|---|---|---|
| 7 开关安装 | 7.2 10kV跌落式熔断器 | 7.2.1 10kV跌落式熔断器安装 | 安装前应检查瓷件外观良好、干净，转轴光滑灵活。熔丝管不应有吸潮膨胀或弯曲现象。10kV跌落式熔断器底部对地距离≥5m，安装应牢固，排列整齐，熔管可靠跌落，分、合操作3次以上，灵活可靠，接触紧密，熔丝轴线与地面的垂线夹角为15°～30°，水平相间距离≥500mm，引线连接紧密，引线相间距离≥300mm，对电杆及构件距离≥200mm，应采用专用的线夹，并加绝缘护罩。绝缘护罩黄、绿、红与10kV线路侧相位一致，熔丝额定电流选择，$S_B$≤100kVA者，按配电变压器（2～3）$I_{1n}$选择；$S_B$>100kVA者，按配电变压器（1.5～2）$I_{1n}$选择。 | 10kV跌落式熔断器安装时不进行外观检查，安装高度<5m，安装后不进行3次以上分、合操作，熔丝轴线与地面的垂线夹角、水平相间、引线间及引线对电杆、构件间距离不符合要求，不使用专用线夹，线夹不加绝缘护罩且不绑扎。固定熔断器的螺丝不加平垫和弹簧垫，使用铝丝代替熔丝或不按要求选择熔丝。 |

| 编制项目 | 子项目 | 具体类别 | 总体要求及规范做法 | 工程质量存在的通病 |
|---|---|---|---|---|
| 7<br>开关安装 | 7.3<br>10kV隔离开关 | 7.3.1<br>10kV隔离开关安装 | <br>安装前应检查绝缘部分是否良好，操作机构应灵活。引线连接紧密，引线相间距离≥300mm，对电杆及构件距离≥200mm。静触头安装在电源侧，动触头安装在负荷侧，动静触头宜涂抹导电膏，极寒地区应考虑温度影响。分、合操作3次以上，动作正确可靠。横担端部上、下歪斜，左、右扭斜＜20mm，三相水平安装两横担高差不大于横担总长度的1/100，垂直安装时，拉合的刀刃口与地面垂直夹角为15°～30°。三相联动的同期倾斜度小于本体支架长度的1.5/1000，横、纵误差≤5mm，三相分、合应同期。 | <br>安装前不进行外观检查，隔离刀闸装设歪斜，且相间距过小，引线相间距离及对电杆、构件间距离不符合要求。相间距离＜300mm，不进行3次以上分、合闸试验。横担端部上、下歪斜，左、右扭斜＞20mm，三相水平安装两横担高差大于横担总长度的1/100，垂直安装时，拉合的刀刃口与地面垂直夹角不符合要求。三相联动的同期倾斜度大于本体支架长度的1.5/1000，横、纵误差＞5mm，三相分、合不同期。 |

# 8 防雷与接地

| 编制项目 | 子项目 | 具体类别 | 总体要求及规范做法 | 工程质量存在的通病 |
|---|---|---|---|---|
| 8 防雷与接地 | 8.1 避雷线 | 8.1.1 直线杆 | 避雷线一般采用截面≥25mm² 的镀锌钢绞线。架空地线支铁应垂直安装，抱箍安装应牢固，两侧地线受力应均匀，避雷线应可靠接地。 | 采用的镀锌钢绞线截面不符合要求。截面两侧地线受力不均，支铁受力变形，避雷线接地不良。 |

| 编制项目 | 子项目 | 具体类别 | 总体要求及规范做法 | 工程质量存在的通病 |
|---|---|---|---|---|
| 8 防雷与接地 | 8.1 避雷线 | 8.1.2 耐张杆 | <br><br>避雷线一般采用截面≥25mm² 的镀锌钢绞线。架空地线支铁应垂直安装，抱箍安装应牢固，两侧地线受力应均匀，避雷线应可靠接地。 | <br><br>采用的镀锌钢绞线截面不符合要求。两侧地线受力不均匀，拉线角度不符合要求，支铁受力变形，避雷线接地不良。 |

| 编制项目 | 子项目 | 具体类别 | 总体要求及规范做法 | 工程质量存在的通病 |
|---|---|---|---|---|
| 8 防雷与接地 | 8.1 避雷针 | 8.1.3 避雷针安装 | 　　避雷针一般用镀锌圆钢或镀锌焊接钢管制成。针长1m以下时，圆钢直径≥12mm，钢管直径≥20mm；针长1~2m时，圆钢直径≥16mm，钢管直径≥25mm；针长2m以上时，可以采用粗细不同的几节钢管焊接。避雷针应垂直安装，抱箍安装牢固，且与带电导线保持安全距离。避雷针下端经引下线与接地装置焊接，引下线采用直径≥8mm的圆钢或截面≥48mm²、厚度≥4mm的扁钢，接地装置应可靠接地且接地电阻符合要求。 | 　　避雷针针尖弯曲变形，采用镀锌圆钢或钢管不符合要求，引下线、接地电阻不符合要求。 |

| 编制项目 | 子项目 | 具体类别 | 总体要求及规范做法 | 工程质量存在的通病 |
|---|---|---|---|---|
| 8 防雷与接地 | 8.2 10kV避雷器 | 8.2.1 10kV避雷器安装 | <br>10kV避雷器应用"2500V"绝缘电阻表测量，绝缘电阻不低于1000MΩ。10kV避雷器必须垂直安装，倾斜角≤15°，倾斜度＜2%；带电部分与相邻导线或金属架的距离≥350mm；与电气部分连接，不应使避雷器产生外加应力。避雷器引线应短而直，与导线连接要牢固、紧密；接头长度≥100mm，引线相间距离≥300mm，对地距离应≥200mm，采用绝缘导线时，引上线规格为：铜线≥16mm²，铝线≥25mm²；引下线规格为：铜线≥25mm²，铝线≥35mm²。引下线应可靠接地，接地电阻≤10Ω。避雷器与接地引下线连接应采用铜铝过渡接线鼻子。可卸式避雷器安装时，避雷器轴线与地面的垂线夹角应为15°～30°，对地距离≥200mm，相间距离≥350mm，上端接高压线，下端应可靠接地。 | <br>10kV避雷器安装倾斜角度和倾斜度不符合要求、未安装护罩、避雷器引上线、引下线弯曲，引下线未可靠接地，接地电阻＞10Ω，避雷器相间、相邻导线间或对金属架间距离不符合要求，未采取铜铝过渡措施。 |

| 编制项目 | 子项目 | 具体类别 | 总体要求及规范做法 | 工程质量存在的通病 |
|---|---|---|---|---|
| 8 防雷与接地 | 8.3 防雷绝缘子 | 8.3.1 防雷绝缘子安装 | 防雷绝缘子安装应加装平垫和弹簧垫，与导线线芯应紧密连接，并用螺丝紧固，接地线连接可靠。 | 导线紧固不牢，紧固螺丝不加装平垫和弹簧垫。 |

| 编制项目 | 子项目 | 具体类别 | 总体要求及规范做法 | 工程质量存在的通病 |
|---|---|---|---|---|
| 8 防雷与接地 | 8.4 接地装置 | 8.4.1 接地引下线安装 | <br><br>接地引下线应紧靠杆身，每隔一定距离应与杆身固定一次。采用直径16mm的圆钢或－4×40mm扁钢，自地下0.2m至地上2m范围内应有绝缘保护措施。设备的接地与接地引下线应采用接线端子或并沟线夹连接，连接应牢固可靠，接地电阻应满足规程要求。 | <br><br>接地引下线与电杆不固定，接地电阻不合格，接地引下线未塑封。设备的接地与接地引下线不采用接线端子或并沟线夹连接，没有可靠的绝缘保护措施。 |

| 编制项目 | 子项目 | 具体类别 | 总体要求及规范做法 | 工程质量存在的通病 |
|---|---|---|---|---|
| 8 防雷与接地 | 8.4 接地装置 | 8.4.2 水平接地体安装 | 水平接地体应采用扁钢或圆钢，应平直无明显弯曲，扁钢截面≥48mm²，壁厚≥4mm，圆钢≥8mm。水平接地体埋入地下深度≥600mm。 | 焊接长度不够，焊点未做防腐，水平接地体弯曲不平直，埋入深度不够，接地端不符合要求。 |

| 编制项目 | 子项目 | 具体类别 | 总体要求及规范做法 | 工程质量存在的通病 |
|---|---|---|---|---|
| 8 防雷与接地 | 8.4 接地装置 | 8.4.3 垂直接地安装 | | |
| | | | 　　垂直接地体应垂直打入地下，并与土壤保持良好接触。垂直接地体可以采用角钢和钢管，角钢厚度≥4mm，角钢下端部切割为 $45°\sim60°$ 角。钢管壁厚≥3.5mm，钢管下端部制作成锥形。扁钢搭接长度为其宽度的 2 倍，且至少 3 个棱边焊接；圆钢搭接长度为其直径的 6 倍，接触部位两边焊接。圆钢与扁钢搭接长度为圆钢直径的 6 倍，接触部位两边焊接。焊口饱满、无虚焊、砂眼等现象。垂直接地体根数按配变接地电阻要求值和土壤电阻率选择，每根长 2.5m，间距≥5m。 | 　　垂直接地体与水平接地体焊接、制作不符合要求，接地极长度<2.5m，间距<5m，打入地下深度不够。 |

# 9 低压台区

| 编制项目 | 子项目 | 具体类别 | 总体要求及规范做法 | 工程质量存在的通病 |
|---|---|---|---|---|
| 9 低压台区 | 9.1 低压线路 | 9.1.1 直线杆安装 | 单横担水平布置，横担中心距杆顶150mm，使用U型螺栓固定，承力相等，采用"一平一弹单螺母"固定，交替拧紧；横担端部上下歪斜、左右扭斜≤20mm，横担安装在受电侧，导线采用P-6T型针式绝缘子固定，采用"一平一弹单螺母"固定，导线与电杆间净距≥50mm。 | U型螺栓、针式绝缘子安装不加装平垫和弹簧垫，外露丝扣少于2扣，横担中心距杆顶部距离与标准值不符，横担端部上、下歪斜左、右扭斜>20mm。 |

| 编制项目 | 子项目 | 具体类别 | 总体要求及规范做法 | 工程质量存在的通病 |
|---|---|---|---|---|
| 9 低压台区 | 9.1 低压线路 | 9.1.2 跨越杆安装 | 双横担水平布置，横担中心距杆顶150mm，横担间使用穿芯螺栓固定，承力相等，采用"两平一弹单螺母"固定，交替拧紧；横担端部上下歪斜、左右扭斜≤20mm，导线采用P-6T型双针式绝缘子固定，采用"一平一弹单螺母"固定，导线与电杆间净距≥50mm。 | 穿芯螺栓、针式绝缘子安装不加装平垫和弹簧垫，外露丝扣少于2扣，横担中心距杆顶部距离与标准值不符，横担端部上下歪斜、左右扭斜＞20mm。部分边相不加装补强螺栓，跨越河流、公路、房屋等采用单横担。 |

| 编制项目 | 子项目 | 具体类别 | 总体要求及规范做法 | 工程质量存在的通病 |
|---|---|---|---|---|
| 9 低压台区 | 9.1 低压线路 | 9.1.3 直线耐张杆安装 | 　　双横担水平布置，横担中心距杆顶150mm，横担间使用穿芯螺栓固定，承力相等，采用"两平一弹单螺母"固定，交替拧紧；横担端部上下歪斜、左右扭斜≤20mm，导线采用U40C盘形悬式绝缘子固定，过引线与临相的跳线及导线间的净距≥100mm，导线与电杆或构架间的净空距离≥50mm，采用双绝缘线夹连接，线夹距绝缘子100mm，尾线20mm，绝缘护罩安装位置不得颠倒，有引出线的要一律向下，两端口需用绝缘自粘带绑扎两层以上，过（跳）引线无损伤、断股、歪扭。 | 　　穿芯螺栓、针式绝缘子安装不加装平垫和弹簧垫，外露丝扣少于2扣，横担中心距杆顶部距离与标准值不符，横担端部上下歪斜、左右扭斜＞20mm，部分过引线与临相的跳线及导线间的净距＜100mm，导线与电杆或构架间的净空距离＜50mm；部分使用绝缘单并沟线夹，有的直接搭接，线夹距绝缘子的距离、尾线长度不符合要求，绝缘护罩安装位置颠倒，两端口不用绝缘自粘带绑扎。 |

| 编制项目 | 子项目 | 具体类别 | 总体要求及规范做法 | 工程质量存在的通病 |
|---|---|---|---|---|
| 9 低压台区 | 9.1 低压线路 | 9.1.4 0°~10°(12°、15°)拉线直线转角杆安装 | 单层双横担水平布置，横担中心距杆顶150mm，横担间使用穿芯螺栓固定，承力相等，采用"两平一弹单螺母"固定，交替拧紧；横担端部上下歪斜、左右扭斜≤20mm，安装三把拉线，一条为线路角分线方向，另两条为线路延长线方向并向外角偏移3°，横担中心线与专用抱箍中心线间及专用拉线抱箍中心线间的距离均为150mm；导线采用P-6T型双针式绝缘子固定，采用"一平一弹单螺母"固定，导线与拉线、电杆或构架间的净空距离≥50mm。 | 穿芯螺栓、针式绝缘子安装不加装平垫和弹簧垫，外露丝扣少于2扣，横担中心距杆顶部距离与标准值不符，横担端部上下歪斜、左右扭斜>20mm，边相不加装补强螺丝，不按要求加装拉线，拉线抱箍为普通型，导线与拉线、电杆或构架间的净空距离<50mm。 |

| 编制项目 | 子项目 | 具体类别 | 总体要求及规范做法 | 工程质量存在的通病 |
|---|---|---|---|---|
| 9 低压台区 | 9.1 低压线路 | 9.1.5 0°～45°带拉线耐张转角杆安装 | 单层双横担水平布置，横担中心距杆顶150mm，横担间使用穿芯螺栓固定，承力相等，采用"两平一弹单螺母"固定，交替拧紧；横担端部上下歪斜、左右扭斜不大于20mm，安装三把拉线，一条为线路角分线方向，另两条为线路延长线方向并向外角偏移3°，横担中心线与专用抱箍中心线间及专用拉线抱箍中心线间的距离均为150mm；导线采用U40C盘形悬式绝缘子固定，过引线与临相的跳线及导线间的净距≥100mm，导线与拉线、电杆或构架间的净空距离≥50mm，采用双绝缘并沟线夹连接，线夹距绝缘子100mm，尾线20mm，绝缘护罩安装位置不得颠倒，有引出线的要一律向下，两端口需用绝缘自粘带绑扎两层以上，过（跳）引线无损伤、断股、歪扭。 | 穿芯螺栓、针式绝缘子安装不加装平垫和弹簧垫，外露丝扣少于2扣，横担中心距杆顶部距离与标准值不符，横担端部上下歪斜、左右扭斜＞20mm，部分采用两排担，不按要求加装拉线，部分过引线与临相的跳线及导线间的净距＜100mm，导线与拉线、电杆或构架间的净空距离＜50mm，部分使用绝缘单并沟线夹，有的直接搭接，线夹距绝缘子的距离、尾线长度不符合要求，绝缘护罩安装位置颠倒，两端口不用绝缘自粘带绑扎，专用拉线抱箍为普通型，专用拉线抱箍与专用拉线抱箍间、专用拉线抱箍与横担间距离不符合要求。 |

| 编制项目 | 子项目 | 具体类别 | 总体要求及规范做法 | 工程质量存在的通病 |
|---|---|---|---|---|
| 9 低压台区 | 9.1 低压线路 | 9.1.6 45°～90° 带拉线耐张转角杆安装 | 双层双横担水平布置，上层横担中心距杆顶150mm，上、下层横担间距300mm，横担间使用穿芯螺栓固定，承力相等，采用"两平一弹单螺母"固定，交替拧紧；横担端部上下歪斜、左右扭斜≤20mm，安装两把拉线，方向为线路延长线方向，专用拉线抱箍中心线距横担中心线间距150mm；导线采用U40C盘形悬式绝缘子固定，过引线、引下线与临相的跳线及导线间的净距≥100mm，导线与拉线、电杆或构架间的净空距离≥50mm，采用双绝缘并沟线夹连接，线夹距绝缘子100mm，尾线20mm，绝缘护罩安装位置不得颠倒，有引出线的要一律向下，两端口需用绝缘自粘带绑扎两层以上，过（跳）引线无损伤、断股、歪扭。 | 穿芯螺栓、针式绝缘子安装不加装平垫和弹簧垫，外露丝扣少于2扣，上层横担中心距杆顶部距离不统一，上下层横担间距不符合要求，横担端部上下歪斜、左右扭斜>20mm，部分过引线与临相的跳线及导线间的净距<100mm，导线与拉线、电杆或构架间的净空距离<50mm，部分使用绝缘单并沟线夹，有的直接搭接，线夹距绝缘子的距离、尾线长度不符合要求，绝缘护罩安装位置颠倒，两端口不用绝缘自粘带绑扎，专用拉线抱箍为普通型，专用拉线抱箍与横担间距不符合要求。 |

| 编制项目 | 子项目 | 具体类别 | 总体要求及规范做法 | 工程质量存在的通病 |
|---|---|---|---|---|
| 9 低压台区 | 9.1 低压线路 | 9.1.7 0°～45°无拉线耐张转角杆安装 | 单层双横担水平布置，横担中心距杆顶150mm，横担间使用穿芯螺栓固定，承力相等，采用"两平一弹单螺母"固定，交替拧紧；横担端部上下歪斜、左右扭斜≤20mm，导线采用U40C盘形悬式绝缘子固定，过引线与临相的跳线及导线间的净距≥100mm，导线与电杆或构架间的净空距离≥50mm，采用双绝缘并沟线夹连接，线夹距绝缘子100mm，尾线20mm，绝缘护罩安装位置不得颠倒，有引出线的要一律向下，两端口需用绝缘自粘带绑扎两层以上，过（跳）引线无损伤、断股、歪扭。 | 穿芯螺栓、针式绝缘子安装不加装平垫和弹簧垫，外露丝扣少于2扣，横担中心距杆顶部距离与标准值不符，横担端部上下歪斜、左右扭斜＞20mm，部分过引线与临相的跳线及导线间的净距＜100mm，导线与电杆或构架间的净空距离＜50mm，部分使用绝缘单并沟线夹，有的直接搭接，线夹距绝缘子的距离、尾线长度与标准值不符，绝缘护罩安装位置颠倒，两端口不用绝缘自粘带绑扎。 |

| 编制项目 | 子项目 | 具体类别 | 总体要求及规范做法 | 工程质量存在的通病 |
|---|---|---|---|---|
| 9 低压台区 | 9.1 低压线路 | 9.1.8 45°～90°无拉线耐张转角杆安装 | 双层双横担水平布置，上层横担中心距杆顶 150mm，上、下层横担间距 300mm，横担间使用穿芯螺栓固定，承力相等，采用"两平一弹单螺母"固定，交替拧紧；横担端部上下歪斜、左右扭斜≤20mm，导线采用 U40C 盘形悬式绝缘子固定，过引线、引下线与临相的跳线及导线间的净距≥100mm，导线与电杆或构架间的净空距离≥50mm，采用双绝缘并沟线夹，线夹距绝缘子 100mm，尾线 20mm，绝缘护罩安装位置不得颠倒，有引出线的要一律向下，两端口需用绝缘自粘带绑扎两层以上，过（跳）引线无损伤、断股、歪扭。 | 穿芯螺栓、针式绝缘子安装不加装平垫和弹簧垫，外露丝扣少于 2 扣，上层横担中心距杆顶部距离与标准值不符，上、下层横担间距离不符合要求，横担端部上下歪斜、左右扭斜＞20mm，部分过引线与临相的跳线及导线间的净距＞100mm，导线与电杆或构架间的净空距离＜50mm，部分使用绝缘单并沟线夹，有的直接搭接，线夹距绝缘子距离、尾线长度不符合要求，绝缘护罩安装位置颠倒，两端口不用绝缘自粘带绑扎。 |

| 编制项目 | 子项目 | 具体类别 | 总体要求及规范做法 | 工程质量存在的通病 |
|---|---|---|---|---|
| 9 低压台区 | 9.1 低压线路 | 9.1.9 分歧杆安装 | 分歧担采用双横担水平布置，横担中心距上排担300mm，横担间使用穿芯螺栓固定，承力相等，采用"两平一弹单螺母"固定，交替拧紧；横担端部上下歪斜、左右扭斜≤20mm，安装拉线一把，横担中心线与专用拉线抱箍中心线间距离为150mm。导线采用U40C盘形悬式绝缘子固定，过引线、引下线与临相的跳线及导线间的净距≥100mm，导线与拉线、电杆或构架间的净空距离≥50mm，采用双绝缘并沟线夹连接，线夹间距100mm，尾线20mm，50mm处绑两把，绝缘护罩安装位置不得颠倒，有引出线的要一律向下，两端口需用绝缘自粘带绑扎两层以上，过（跳）引线无损伤、断股、歪扭。 | 穿芯螺栓、针式绝缘子安装不加装平垫和弹簧垫，外露丝扣少于2扣，分歧担中心距上排担距离与标准值不符，横担端部上下歪斜、左右扭斜＞20mm，部分过引线与临相的跳线及导线间的净距＜100mm，导线与拉线、电杆或构架间的净空距离＜50mm，部分使用绝缘单并沟线夹，有的直接搭接，线夹间的距离、尾线长度不符合要求，绝缘护罩安装位置颠倒，两端口不用绝缘自粘带绑扎，专用拉线抱箍为普通型，专用拉线抱箍与横担间距不符合要求。 |

| 编制项目 | 子项目 | 具体类别 | 总体要求及规范做法 | 工程质量存在的通病 |
|---|---|---|---|---|
| 9 低压台区 | 9.1 低压线路 | 9.1.10 终端杆安装 | 双横担水平布置，横担中心距杆顶 150mm，横担间使用穿芯螺栓固定，承力相等，采用"两平一弹单螺母"固定，交替拧紧；横担端部上下歪斜、左右扭斜≤20mm，沿线路延长线方向安装拉线一把，采用专用拉线抱箍，导线采用 U40C 盘形悬式绝缘子固定，导线与拉线、电杆或构架间的净空距离≥50mm。 | 穿芯螺栓安装不加平垫和弹簧垫，外露丝扣少于 2 扣，横担中心距杆顶距离不符合要求，横担端部上下歪斜、左右扭斜＞20mm。专用拉线抱箍为普通型，专用拉线抱箍与横担间距不符合要求。导线与拉线、电杆或构架间的净空距离＜50mm。 |

| 编制项目 | 子项目 | 具体类别 | 总体要求及规范做法 | 工程质量存在的通病 |
|---|---|---|---|---|
| 9 低压台区 | 9.1 低压线路 | 9.1.11 高、低压同杆架设直线杆安装 | 低压线路为单层双横担水平布置。低压线路横担中心距高压绝缘导线横担中心 1.0m，距高压裸铝导线横担中心 1.2m；横担间使用穿芯螺栓固定，承力相等，采用"两平一弹单螺母"固定，交替拧紧；横担端部上下歪斜、左右扭斜≤20mm，导线采用 P-6T 型双针式绝缘子固定，导线与电杆或构架间的净空距离≥50mm。 | 穿芯螺栓、针式绝缘子安装不加装平垫和弹簧垫，外露丝扣少于 2 扣，低压线路横担中心距高压横担中心距离不符合要求，横担端部上下歪斜、左右扭斜＞20mm。导线与电杆或构架间的净空距离＜50mm。 |

| 编制项目 | 子项目 | 具体类别 | 总体要求及规范做法 | 工程质量存在的通病 |
|---|---|---|---|---|
| 9 低压台区 | 9.1 低压线路 | 9.1.12 高、低压同杆架设十字杆安装 | 低压线路为双层双横担水平布置。低压线路上排横担中心距高压绝缘导线横担中心1.0m，距高压裸铝导线横担中心1.2m；低压线路上排与下排横担中心间距为300mm，横担间使用穿芯螺栓固定，承力相等，采用"两平一弹单螺母"固定，交替拧紧；横担端部上下歪斜、左右扭斜≤20mm，导线采用P-6T型双针式绝缘子固定，导线与电杆或构架间的净空距离≥50mm。 | 穿芯螺栓、针式绝缘子安装不加装平垫和弹簧垫，外露丝扣少于2扣，低压线路上排横担中心距高压横担中心距离不符合要求，低压线路上、下排横担中心间距不符合要求，横担端部上下歪斜、左右扭斜＞20mm。导线与电杆或构架间的净空距离＜50mm。 |

| 编制项目 | 子项目 | 具体类别 | 总体要求及规范做法 | 工程质量存在的通病 |
|---|---|---|---|---|
| 9 低压台区 | 9.1 低压线路 | 9.1.13 高、低压同杆架设终端杆安装 | 低压线路为单层双横担水平布置。低压线路横担中心距高压绝缘导线横担1.0m，距高压裸铝导线横担1.2m，横担间使用穿芯螺栓固定，承力相等，采用"两平一弹单螺母"固定，交替拧紧；横担端部上下歪斜、左右扭斜≤20mm，导线采用U40C盘形悬式绝缘子固定，导线与拉线、电杆或构架间的净空距离≥50mm。 | 穿芯螺栓、针式绝缘子安装不加装平垫和弹簧垫，外露丝扣少于2扣，低压线路横担中心距高压横担中心距离不符合要求，横担端部上下歪斜、左右扭斜＞20mm。导线与拉线、电杆或构架间的净空距离＜50mm。 |

| 编制项目 | 子项目 | 具体类别 | 总体要求及规范做法 | 工程质量存在的通病 |
|---|---|---|---|---|
| 9 低压台区 | 9.1 低压线路 | 9.1.14 绝缘导线绑扎 | 绝缘导线需接头时不允许缠绕，应采用专用线夹和接续管连接，接续管连接时弯曲长度不超过压接长度的2‰，导线采用顶槽或边槽绑扎，使用2.5mm²的BV型单股塑料铜线，与绝缘子接触部分应缠绕绝缘自粘带，缠绕长度应超出绑扎部位或与绝缘子接触部位两侧各30mm。 | 导线搭接采用缠绕方式，绝缘导线与绝缘子使用铝绑线绑扎，导线与绝缘子接触部分不缠绕绝缘自粘带。 |

| 编制项目 | 子项目 | 具体类别 | 总体要求及规范做法 | 工程质量存在的通病 |
|---|---|---|---|---|
| 9 低压台区 | 9.1 低压线路 | 9.1.15 绝缘导线弛度 | 分相架设的绝缘导线每根只允许有一个承力接头，接头距固定点距离≥50cm，同一档内导线弧垂应要求一致，导线弧垂误差不应超过设计弧垂的−5％或＋10％，同一档距内导线弧垂相差不宜超过 50mm，应考虑蠕性伸长。 | 接头距固定点距离不满足要求，导线弧垂误差超过设计弧垂的−5％或＋10％，同一档距内导线弧垂相差超过 50mm。 |

| 编制项目 | 子项目 | 具体类别 | 总体要求及规范做法 | 工程质量存在的通病 |
|---|---|---|---|---|
| 9 低压台区 | 9.1 低压线路 | 9.1.16 销钉、销子安装 | 垂直安装的销钉由上向下穿；水平安装的销子两边相由外向内穿，中相面向大号侧由左向右穿，垂直安装的开口、闭口销子由上向下穿；开口销子应对称开口，开口 30°～60°，开口后的销子不应有折断、裂痕现象，不应用线材或其他材料代替；闭口销子直径必须与孔径配合，且弹力适度。 | 销钉和销子不按要求安装，安装后的销子未开角或开角不符合要求，采用其他线材或材料代替，有的不安装销子。 |

| 编制项目 | 子项目 | 具体类别 | 总体要求及规范做法 | 工程质量存在的通病 |
|---|---|---|---|---|
| 9 低压台区 | 9.1 低压线路 | 9.1.17 螺栓紧固 | 平面结构横线路方向的两侧由内向外，中间由左向右（面向受电侧）或统一方向穿；顺线路方向的双面结构由内向外，单面结构由送电侧向受电侧或按统一方向穿；立体结构水平方向的由内向外穿，垂直方向的由下向上穿。耐张串上的螺栓穿向，水平结构的两边相由内向外穿，中相面向负荷侧由左向右穿。安装螺栓时应加装垫片，螺母紧好后，露出的螺杆单螺母不应少于两个丝扣，双螺母可与螺杆端面齐平，同一水平面丝扣露出长度应基本一致。 | 平面结构横线路方向的、顺线路方向的双面结构、单面结构的螺栓穿向不符合要求；立体结构水平方向的、垂直方向的螺栓穿向不符合要求；耐张串上的螺栓穿向不符合要求；螺栓安装时不加装垫片和弹簧垫，外露丝扣少于2扣，同一水平面丝扣露出长度不一致。 |

| 编制项目 | 子项目 | 具体类别 | 总体要求及规范做法 | 工程质量存在的通病 |
|---|---|---|---|---|
| 9 低压台区 | 9.1 低压线路 | 9.1.18 接地环安装 | 　终端、分歧、跨越杆安装穿刺式接地环，安装在距离针式绝缘子0.5m处，安装在距离悬式绝缘子0.6m处。 | 　接地环安装的距离不符合要求，各相接地环安装距离不统一。 |

| 编制项目 | 子项目 | 具体类别 | 总体要求及规范做法 | 工程质量存在的通病 |
|---|---|---|---|---|
| 9 低压台区 | 9.2 接户线 | 9.2.1 架空接户线 | 　接户线档距≤25m，超过25m应设接户杆，但接户线总长度≤50m，接户线采用 JKLYJ、BS-JKYJ、BS-JK-LYJ、YJLV、YJV 型耐候绝缘导线，铝芯一般≥16mm²，铜芯一般≥10mm²，中性线和相线截面应相同。 | 　部分接户线距离超过25m时不设接户杆，接户线型号和截面不按要求选择。 |

| 编制<br>项目 | 子项目 | 具体<br>类别 | 总体要求及规范做法 | 工程质量存在的通病 |
|---|---|---|---|---|
| 9<br>低<br>压<br>台<br>区 | 9.2<br>接<br>户<br>线 | 9.2.2<br>沿<br>墙<br>敷<br>设<br>接<br>户<br>线 | <br><br>　沿墙敷设接户线两支持点间距≤6m，采用集束导线，超过 6m 时应在两侧加装耐张线夹。不同接户线同墙敷设时水平排列档距为 4m 及以下，最小线间距离≥10cm，垂直排列档距为 6m 及以下，最小线间距离≥15cm，沿墙敷设的接户线受电端对地距离≥2.5m。 | <br><br>　沿墙敷设接户线两支持点间距＞6m 时未加装耐张线夹，水平排列同墙敷设的接户线线间距离＜10cm，垂直排列同墙敷设的接户线线间距离＜15cm，受电端对地距离＜2.5m。 |

| 编制项目 | 子项目 | 具体类别 | 总体要求及规范做法 | 工程质量存在的通病 |
|---|---|---|---|---|
| 9<br>低压台区 | 9.2<br>接户线 | 9.2.3<br>接户线固定 | <br><br>接户线固定应牢固，电杆至墙上第一固定点应采用热镀锌铁支架，铁支架应固定牢固，混凝土结构的墙壁可使用膨胀螺栓。禁止用木塞固定，固定点至地面距离≥2.7m。 | <br><br>墙上固定点的支架锈蚀，有的采用木支架，固定点至地面距离<2.7m。 |

| 编制项目 | 子项目 | 具体类别 | 总体要求及规范做法 | 工程质量存在的通病 |
|---|---|---|---|---|
| 9 低压台区 | 9.2 接户线 | 9.2.4 接户线至路面距离 | 　通车街道≥6m；通车困难街道、人行道≥3.5m；不通车的人行道、胡同≥3m。 | 　部分接户线跨越不通车的人行道、胡同的垂直距离不符合标准要求。 |

| 编制项目 | 子项目 | 具体类别 | 总体要求及规范做法 | 工程质量存在的通病 |
|---|---|---|---|---|
| 9 低压台区 | 9.2 接户线 | 9.2.5 接户线与建筑物距离 | <br><br>与下方窗户的垂直距离≥0.3m；与上方阳台或窗户垂直距离≥0.8m；与阳台或窗户水平距离≥0.75m；与墙壁、构架的距离≥0.05m。 | <br><br>部分接户线与建筑物的窗户、阳台、墙壁、构架的距离不符合要求。 |

| 编制项目 | 子项目 | 具体类别 | 总体要求及规范做法 | 工程质量存在的通病 |
|---|---|---|---|---|
| 9 低压台区 | 9.2 接户线 | 9.2.6 接户线与弱电线路交叉距离 | 接户线在弱电线路的上方≥0.6m；接户线在弱电线路的下方≥0.3m。 | 部分接户线与弱电线路交叉距离不符合要求。 |

| 编制项目 | 子项目 | 具体类别 | 总体要求及规范做法 | 工程质量存在的通病 |
|---|---|---|---|---|
| 9 低压台区 | 9.2 接户线 | 9.2.7 接户线受电端 | 接户线穿墙敷设采用耐候抗老化阻燃管，管长为0.5m，里高外低，房檐处应有防水弯，接户线严禁缠绕连接，接户线受电端对地距离≥2.5m，接户线受电端固定支架与保护管间距为200mm。 | 部分接户线穿墙敷设不采用耐候抗老化阻燃管，房檐处不做防水弯；接户线与用户屋内配线缠绕连接；部分接户线受电端对地距离＜2.5m，接户线受电端固定支架与保护管间距与标准值不符。 |

| 编制项目 | 子项目 | 具体类别 | 总体要求及规范做法 | 工程质量存在的通病 |
|---|---|---|---|---|
| 9 低压台区 | 9.2 接户线 | 9.2.8 接户线绑扎 | 接户线的电源端和受电端均应采用 ED-1 型碟式绝缘子，使用小于 2.5mm² 的 BV 型单股塑料铜线绑扎，与绝缘子接触部分应用绝缘自粘带缠绕，缠绕长度应超出绑扎部位或与绝缘子接触部位两侧各 30mm，接户线碟式绝缘子绑扎用小于 2.5mm² 的 BV 型单股塑料铜绑线，距碟式绝缘子中心 100mm 处绑扎 15mm 压绑线后再绑扎 15mm，拧 3 个花小辫，空 150mm 绑 3 道拧 3 个花小辫返线。 | 接户线的受电端采用 PD-1 针式绝缘子代替 ED-1 型碟式绝缘子，使用铝绑线绑扎，接户线与绝缘子接触部分不缠绝缘自粘带，接户线绑扎不符合要求。 |

| 编制项目 | 子项目 | 具体类别 | 总体要求及规范做法 | 工程质量存在的通病 |
|---|---|---|---|---|
| 9 低压台区 | 9.3 计量装置 | 9.3.1 杆上表箱安装 | <br><br><br>　　表箱安装位置应有足够的打开空间并避免雨水和阳光直射，箱体采用玻璃纤维增强不饱和聚酯树脂（SMC）或采用不锈钢材质，若采用金属箱体时还应可靠接地，接地电阻≤10Ω，表箱底部对地距离 1.8～2.0m。沿杆安装采用 2 套固定支架。 | 　　部分金属表箱不接地，接地电阻＞10Ω，表箱底部对地距离不在 1.8～2m 范围内。 |

| 编制项目 | 子项目 | 具体类别 | 总体要求及规范做法 | 工程质量存在的通病 |
|---|---|---|---|---|
| 9 低压台区 | 9.3 计量装置 | 9.3.2 墙上表箱安装 | <br><br>　　表箱安装位置应有足够的打开空间，若采用金属表箱时还应可靠接地，接地电阻≤10Ω，表箱底部对地距离1.8～2m。沿墙安装采用4套膨胀螺丝与墙体固定，且安装垂直、牢固；角铁安装时，应保持水平，水平误差≤2mm。 | <br><br>　　部分金属表箱不接地，表箱底部对地距离不符合要求，接地电阻＞10Ω，沿墙安装的表箱采用1套或2套膨胀螺丝与墙体固定。采用角铁安装时，水平误差＞2mm。 |

| 编制项目 | 子项目 | 具体类别 | 总体要求及规范做法 | 工程质量存在的通病 |
|---|---|---|---|---|
| 9 低压台区 | 9.3 计量装置 | 9.3.3 电能表安装 | | |
| | | | 电能表必须安装在挂表架上并安装牢固。电能表接线正确，垂直倾斜≤1°。单相电能表最小间距应＞30mm、三相电能表＞80mm。电能表尾端接线不许有裸露，且安装牢固无松动。 | 电能表不安装在挂表架上，电能表倾斜角度＞1°，电能表间距不符合标准值，部分尾端接线裸露。 |

| 编制项目 | 子项目 | 具体类别 | 总体要求及规范做法 | 工程质量存在的通病 |
|---|---|---|---|---|
| 9 低压台区 | 9.3 计量装置 | 9.3.4 开关安装 | 开关开合顺畅，两侧导线连接部位紧固，使用双螺丝连接。用户开关负载侧的中性线不得与其他回路共用，标有的负载侧和电源侧不得接反。 | 石板闸代替空气开关，开关引线为单螺丝连接，中性线共用。 |

| 编制项目 | 子项目 | 具体类别 | 总体要求及规范做法 | 工程质量存在的通病 |
|---|---|---|---|---|
| 9 低压台区 | 9.3 计量装置 | 9.3.5 引线管及固定支架安装 | 　沿杆敷设表箱引上线、引下线各采用一根 $\phi50$ 的改性聚丙烯（MPP）或氯化聚氯乙烯（C-PVC）材料管，管长度根据杆高选择，上端安装 45°防水弯头，采用专用固定支架及绑扎带固定牢固，保护管与电杆距离满足登杆作业要求。 | 引线管上端不加装防水弯头，固定支架数量不够，管固定支架采用铁线代替，管长度不够，保护管与电杆距离不满足登杆作业要求。 |

| 编制项目 | 子项目 | 具体类别 | 总体要求及规范做法 | 工程质量存在的通病 |
|---|---|---|---|---|
| 9 低压台区 | 9.3 计量装置 | 9.3.6 表箱引线安装 | 引下线采用耐候型绝缘导线，引流线应有一定预度，用单并沟绝缘线夹与主线连接，并沟线夹距离导线固定点300mm，尾线20、50mm处绑扎，绝缘护罩安装位置不得颠倒，有引出线的要一律向下，两端口需用绝缘自粘带绑扎两层以上，铝芯一般≥16mm²，铜芯一般≥10mm²。 | 部分引下线与主线缠绕连接不采用异型并沟线夹，引下线规格不符合要求，绝缘护罩安装位置颠倒，两端口不用绝缘自粘带绑扎。 |

| 编制项目 | 子项目 | 具体类别 | 总体要求及规范做法 | 工程质量存在的通病 |
|---|---|---|---|---|
| 9 低压台区 | 9.4 户外电缆分接箱 | 9.4.1 基础 | 电缆分接箱的基础应用≥150mm高的混凝土浇筑底座。底座露出地面≥300mm，与地面垂直，周围排水通畅。电缆井深度≥1000mm，部分寒冷地区≥1500mm，并保证开挖至冻土层以下。低压电缆分接箱安装方式为落地式和壁挂式，接线方式一般采用一进四出。箱内进出线规范，布线整齐，整体美观。 | 户外电缆分接箱基础不按标准施工，强度不够，基础破损。分接箱基础高出地面部分＜300mm。 |

| 编制项目 | 子项目 | 具体类别 | 总体要求及规范做法 | 工程质量存在的通病 |
|---|---|---|---|---|
| 9 低压台区 | 9.4 户外电缆分接箱 | 9.4.2 接地装置 | 金属电缆分支箱外壳应可靠接地，垂直接地体可采用钢管或角钢，钢管壁厚≥3.5mm，管径≥25mm，角钢的厚度≥4mm。接地体埋深≥0.6m，接地引上线宜采用－4mm×40mm扁钢或截面≥16mm²的绝缘导线，截面≥16mm²。接地电阻≤10Ω。 | 部分金属电缆分支箱外壳不接地或接地不符合要求，接地电阻>10Ω。 |

| 编制项目 | 子项目 | 具体类别 | 总体要求及规范做法 | 工程质量存在的通病 |
|---|---|---|---|---|
| 9 低压台区 | 9.4 户外电缆分接箱 | 9.4.3 箱体 | 电缆分接箱应安装标识牌。壳体应有足够的机械强度，薄弱位置增加强筋，在起吊、运输、安装中不得变形或损伤。各单元隔板、箱门牢固、关合灵活。箱内低压母线塑封，接点绝缘包封，接线安装规范。 | 电缆分接箱内设备无标识，箱内低压母线不塑封，接点绝缘不包封。 |

| 编制项目 | 子项目 | 具体类别 | 总体要求及规范做法 | 工程质量存在的通病 |
|---|---|---|---|---|
| 9 低压台区 | 9.4 户外电缆分接箱 | 9.4.4 电缆接线 | 进、出线电缆孔洞均应密封，电缆采用冷缩式电缆头或干包，并安装标识牌，电缆弯曲半径不应小于电缆直径的 15 倍。 | 进、出线电缆孔洞不封堵，电缆头采用热缩，或不做电缆头，无电缆标识牌，电缆弯曲半径小于电缆直径的 15 倍。 |

# 10 电缆施工

| 编制项目 | 子项目 | 具体类别 | 总体要求及规范做法 | 工程质量存在的通病 |
|---|---|---|---|---|
| 10 电缆施工 | 10.1 电缆构筑物 | 10.1.1 电缆井具 | 井盖的砖砌体按照设计的井盖尺寸确定，也可参照相应标准执行。砌井时要注意井口内径应与井盖井算的内径相符，安装好的井盖应与路面相平。水泥路面井座安装时，在井口的砖砌体上用 C25 混凝土浇铸 20cm 厚圈梁抹平，保持井座四周着实，整体平整，不得松动，并在井盖浇铸宽为 40cm 的混凝土保护圈，养生龄期在 10 天以上，井盖应采用重型井盖。电缆井口处宜采取防坠落保护措施，井盖应具有防盗、防滑、防位移、防坠落等功能。 | 井口的砖砌体圈梁厚度不够，井盖浇铸的混凝土保护圈梁不合格。井盖没用重型井盖，耐压能力差。电缆井口处不采取防坠落保护措施，井盖不具有防盗、防滑、防位移、防坠落等功能。 |

| 编制项目 | 子项目 | 具体类别 | 总体要求及规范做法 | 工程质量存在的通病 |
|---|---|---|---|---|
| 10 电缆施工 | 10.1 电缆构筑物 | 10.1.2 电缆工作井 | 电缆工作井底部需设置集水坑，集水坑泄水坡度≥0.3%，设两个出入孔，用于采光、通风以及工作人员出入，出入孔基座的具体预留尺寸及方式各地可根据实际运行情况适当调整。出入孔的井盖材料可采用铸铁或复合高强度材料等，井盖应能承受实际荷载要求。在10%以上的斜坡排管中，在标高较高一端的工作井内设置防止电缆因热伸缩而滑落的构件。电缆工作井口处宜采取防坠落保护措施，井盖应具有防盗、防滑、防位移、防坠落等功能。 | 电缆工作井未做防水处理，工作集水坑设置不合格。电缆井口处不采取防坠落保护措施，井盖不具有防盗、防滑、防位移、防坠落等功能。 |

| 编制项目 | 子项目 | 具体类别 | 总体要求及规范做法 | 工程质量存在的通病 |
|---|---|---|---|---|
| 10 电缆施工 | 10.1 电缆构筑物 | 10.1.3 电缆工作井内部 | 电缆工作井排管安装前必须垫稳，缝宽应均匀，管道内不得有泥土、砖石、砂浆、木块等杂物。电缆沟体及桥支架的接地扁钢焊接牢固，确保接地要求。根据井的尺寸，在混凝土基础上定出中心，量出内径。盖板平衡，位置正确，井盖的高程与路面一致。 | 工作井内有杂物没有清除。 |

| 编制项目 | 子项目 | 具体类别 | 总体要求及规范做法 | 工程质量存在的通病 |
|---|---|---|---|---|
| 10电缆施工 | 10.1电缆构筑物 | 10.1.4电缆沟 | 电缆沟内应无杂物，沟内无积水。土方回填时宜采用人工回填，采用石灰粉或粗砂分层夯实，每层厚度≤300mm。普通混凝土养护时间不少于7天。抹灰工程施工的环境温度不宜低于5℃，在低于5℃的气温下施工时，应采取保证质量的有效措施。墙体应垂直、密实，压顶应平整，尺寸符合设计、运行要求，满足所需的承载能力。电缆沟内支架宜每0.8m设一组。在转为穿管前2m距离内不宜设支架。最下层电缆支架距沟道底部的净距为50～100mm，电缆支架应可靠接地。电缆沟应满足防止外部进水及渗水的要求，电缆沟应有≥0.5%的纵向排水坡度，在最低处加装集水坑。沟槽边沿1500mm范围内严禁堆放杂物。通长电缆沟应考虑伸缩缝。 | 电缆沟排水设施不完善，沟内有积水。电缆沟内支架设置数量不足，电缆支架未接地。普通混凝土养护时间不足7天。抹灰工程施工的环境温度低于5℃，或在低于5℃的气温下施工时，不采取保证质量的有效措施。 |

| 编制项目 | 子项目 | 具体类别 | 总体要求及规范做法 | 工程质量存在的通病 |
|---|---|---|---|---|
| 10 电缆施工 | 10.1 电缆构筑物 | 10.1.5 电缆排管 | <br>电缆排管管口圆滑、无刺突物。备用排管管口应封堵。电缆排管所需孔数，除按规划要求敷设电缆根数外，还宜按发展预留适当备用。管应保持平直，管与管之间应有20mm的间距，管路纵向连接处的弯曲度，应符合牵引电缆时不致损伤的要求。排管建成后及敷设电缆前，应用试验棒疏通检查排管内壁有无尖刺或其他障碍物，防止敷设时损伤电缆。排管应有≥0.1%的坡度，使积水流向工作井。 | <br>电缆保护管口不圆滑、有刺突物。排管管口不封堵。不预留适当备用孔，管与管之间的间距＜20mm，管路纵向连接处的弯曲度不符合电缆牵引时的要求。 |

| 编制项目 | 子项目 | 具体类别 | 总体要求及规范做法 | 工程质量存在的通病 |
|---|---|---|---|---|
| 10 电缆施工 | 10.1 电缆构筑物 | 10.1.6 电缆支架 | <br><br>　　钢材应平直，无明显扭曲。下料误差应在 5mm 范围内，切口应无卷边、毛刺。支架固定牢固，上、下水平，所有支架应进行接地。电缆支架宜与沟壁预埋件焊接，焊接处防腐，安装牢固，横平竖直，各支架的同层横挡应在同一水平面上，其高低偏差≤5mm，电缆支架横梁末端 50mm 处应斜向上倾角 10°。金属电缆支架应进行防腐处理，位于湿热、盐雾以及有化学腐蚀地区时，应根据设计做特殊的防腐处理。 | <br><br>　　电缆支架不做防腐处理，支架不接地，支架横梁末端倾斜角＜10°。 |

| 编制项目 | 子项目 | 具体类别 | 总体要求及规范做法 | 工程质量存在的通病 |
|---|---|---|---|---|
| 10 电缆施工 | 10.1 电缆构筑物 | 10.1.7 电缆隧道及电缆摆放 | <br>电缆隧道内通道净高≥1.9m，较短的隧道与其他沟道交叉的局部段净高可降低但不小于1.4m。支架两侧布置通道宽度≥1m。隧道底部沿纵向应设泄水边沟，同时应设置安全孔且不应少于2个，间距≤75m。隧道应通风良好。上支架、上卡具，室内电缆沟的盖板应与室内地坪相平，预埋铁件表面清理干净。在容易积水、积灰的地点，应使用水泥砂浆或沥青封堵盖板缝隙。电缆敷设在支架上时，电力电缆应位于控制电缆的上方。隧道内每隔100m悬挂一面标识牌。电缆支架横梁末端50mm处应向上倾斜10°。 | <br>电缆隧道净高及宽度不符合要求。支架横梁末端倾斜角＜10°，电缆未安装在支架上，电缆未按要求摆放。 |

| 编制项目 | 子项目 | 具体类别 | 总体要求及规范做法 | 工程质量存在的通病 |
|---|---|---|---|---|
| 10 电缆施工 | 10.1 电缆构筑物 | 10.1.8 直埋电缆沟 | 地下直埋电缆线路应采用铠状电缆。电缆与树木主干的距离≥0.7m。直埋电缆沟内不得有石块等其他硬物，否则应铺以100mm厚的软土或沙层。电缆敷设后上面再铺以100mm厚的软土或沙层，然后盖以混凝土保护板或砖块，覆盖的宽度应超出电缆两侧各50mm。土方回填时宜采用人工回填，采用石灰粉或粗砂分层夯实，每层厚度≤300mm。电缆埋深≥0.7m，穿越农田或车道时≥1m，或埋设于冻土层以下。直埋电缆在进入孔井、控制箱和配电室时应穿保护管，且管口应做防水封堵，长度超出0.5m以上。 | 直埋电缆沟内有石块等其他硬物，电缆敷设不盖混凝土保护板或砖块，电缆埋深不符合要求。土方回填不符合要求。 |

| 编制项目 | 子项目 | 具体类别 | 总体要求及规范做法 | 工程质量存在的通病 |
|---|---|---|---|---|
| 10 电缆施工 | 10.2 电缆本体 | 10.2.1 电缆标识牌 | 电缆标识牌应采用玻璃钢、搪瓷和铝反光材质等。采用相对编号法，本端位置编写对端位置杆号或设备名称。电缆进出建筑物、电缆井及电缆终端头、电缆中间接头、拐弯处、工井内电缆进出管口处应悬挂标识牌。沿支架桥架敷设电缆在其首端、末端、分支处应悬挂标识牌，电缆沟敷设应沿线每间隔 20m 悬挂标识牌。电缆标识牌上应注明电缆编号、规格、型号、电压等级及起止位置等信息。 | 电缆无标识牌，标识牌内容不符合要求，不按要求悬挂标识牌。 |

| 编制项目 | 子项目 | 具体类别 | 总体要求及规范做法 | 工程质量存在的通病 |
|---|---|---|---|---|
| 10 电缆施工 | 10.2 电缆本体 | 10.2.2 电缆摆放 | <br><br>平稳放置，为防止扭曲变形，用硬纸片或薄木片垫平地面。不要紧靠墙壁和潮湿处，以防止霉变变形、脱胶、油漆爆裂、鼓泡、褪色。 | <br><br>电缆摆放环境不符合要求，电缆摆放时不放硬纸片或薄木片。 |

| 编制项目 | 子项目 | 具体类别 | 总体要求及规范做法 | 工程质量存在的通病 |
|---|---|---|---|---|
| 10 电缆施工 | 10.2 电缆本体 | 10.2.3 电缆孔封堵 | <br><br>　　电缆穿墙孔洞用防火包、有机防火堵料、防火隔板和防火涂料进行组合封堵，封堵厚度至少保证300mm。用防火涂料涂刷封堵层电缆及封堵层两侧，涂刷长度≥1m；电缆周围≥40mm范围用有机防火堵料紧密包裹，其他空隙用防火包（有机防火堵料）填充紧密，以侧面不透光为标准，孔洞两侧用膨胀螺栓各固定一块防火隔板。 | <br><br>　　电缆穿墙孔洞没有进行防火封堵，或者不用防火材料进行封堵，封堵厚度达不到300mm。 |

| 编制项目 | 子项目 | 具体类别 | 总体要求及规范做法 | 工程质量存在的通病 |
|---|---|---|---|---|
| 10 电缆施工 | 10.3 电缆附件 | 10.3.1 电缆保护管安装 | <br><br>电缆从沟道或地下引至电杆、设备，或者室内及行人容易接近的地方。距地面高度 2m 以下的电缆，应安装电缆保护管。电缆保护管的内径不应小于电缆外径的 1.5 倍，电缆保护管安装前应进行疏通和清除杂物，疏通后，将管子两端暂时封堵。户外电缆终端头及金属电缆保护管要有良好的接地。电缆保护管开口部分及时封堵。管径<50mm 的堵料嵌入的深度≥50mm，露出管口厚度≥10mm；随管径的增加，堵料嵌入管子的深度和露出的管口的厚度也相应增加，管口的堵料要做成圆弧形。保护管埋入非混凝土地面下的深度≥100mm。 | <br><br>电缆保护管安装前不进行疏通，户外电缆终端头及金属电缆保护管不进行接地，管口不封堵，或封堵不符合要求。保护管埋入非混凝土地面下的深度<100mm。 |

| 编制项目 | 子项目 | 具体类别 | 总体要求及规范做法 | 工程质量存在的通病 |
|---|---|---|---|---|
| 10 电缆施工 | 10.3 电缆附件 | 10.3.2 电缆终端头制作 | 电缆终端头不应使所连接设备端子承受电缆应力，电缆终端头应有明显的相色标志且与系统一致。铜屏蔽及铠装层应单独引出并可靠接地。接地线应采用铜绞线或镀锡铜编织线与电缆屏蔽层连接，其截面积≥25mm²。电缆头线芯与接线端子之间有良好的电气连接；剥开后的内护套、屏蔽线、绝缘层、导体不应损伤，接地线连接牢固，电缆附件安装后有完善而可靠的密封，固定电缆的金具有足够的机械强度。 | 所连接设备端子承受电缆应力，电缆终端无相色标志或与系统不一致，铜屏蔽及铠装层不接地，馈出柜电缆终端接头应力锥未安装到位，不牢固。 |

| 编制项目 | 子项目 | 具体类别 | 总体要求及规范做法 | 工程质量存在的通病 |
|---|---|---|---|---|
| 10 电缆施工 | 10.3 电缆附件 | 10.3.3 电缆标桩设置 | 直埋电缆标桩一般为普通钢筋混凝土预制构件,文字及图像标识预制为凹槽形式,并涂红漆。直线部分埋设的标桩间距为20m,电缆直线段采用——、转角采用 ┗┛,电缆中间头采用←—,并朝向运行维护人员巡视侧。绿化带内直埋的电缆线路在直线、接头、转角处应设置标桩。 | 电缆线路不设置标桩,标桩设置不符合要求。 |

# 11 电缆分接箱与开关站等

| 编制项目 | 子项目 | 具体类别 | 总体要求及规范做法 | 工程质量存在的通病 |
|---|---|---|---|---|
| 11 电缆分接箱与开关站等 | 11.1 电缆分接箱 | 11.1.1 电缆分接箱安装 | 电缆分接箱基础高出地面应≥300mm，电缆井深度应≥1000mm，部分寒冷地区应≥1500mm。电缆终端头线芯预留应根据分接箱肘头高度确定，电缆各相线芯应垂直对称，离套管垂直距离应≥750mm，距壳体等接地部分最小安全距离应≥200mm，电缆屏蔽层及柜体应可靠接地。 | 电缆分接箱基础高出地面部分＜300mm，电缆井深度不符合设计要求。电缆终端头线芯预留过长，导致终端弯曲严重，离设备壳体距离过近，存在安全隐患，电缆屏蔽层及柜体接地不实。 |

| 编制项目 | 子项目 | 具体类别 | 总体要求及规范做法 | 工程质量存在的通病 |
|---|---|---|---|---|
| 11 电缆分接箱与开关站等 | 11.2 开关站、环网室、环网柜 | 11.2.1 建筑主体 | | |
| | | | 室内标高不得低于同一地理位置居民楼室内标高，室内、外地坪高差应＞300mm。户外基础应高出路面200mm，基础应采用整体浇注，内外作防水处理。位于负一层时设备基础抬高1000mm以上。室内应留有设备检修和设备运输通道，并满足最大体积电气设备的运输要求。建筑物应满足防风雪、防汛、防火、防小动物、通风良好（四防一通）的要求，并应装设门禁措施。 | 位于负一层设备基础有未抬高现象，或抬高也不满足标准值要求，有的无防止小动物进入措施，建筑物不满足"四防一通"要求。 |

| 编制项目 | 子项目 | 具体类别 | 总体要求及规范做法 | 工程质量存在的通病 |
|---|---|---|---|---|
| 11 电缆分接箱与开关站等 | 11.2 开关站、环网室、环网柜 | 11.2.2 建筑主体 | <br><br>　　配电室长度大于 8m 时，应有 2 个以上出入口，设备进出的大门为双开门，并向外开启，门窗应满足防火、防盗要求。开关站大门上应有警示标识，门上标示开关站名称。室内应留有检修通道及设备运输通道，并保证通道畅通，满足最大体积电气设备的运输要求。位于地下一层的开关站留有独立的设备运输通道，采取防渗漏、防潮措施，配备必要的排水、通风、消防措施。 | 　　位于地下一层的开关站，没有独立的设备运输通道，吊装孔狭小以及吊装设备不完善等现象。不采取防渗漏、防潮措施，排水、通风、消防措施不完善。 |

| 编制项目 | 子项目 | 具体类别 | 总体要求及规范做法 | 工程质量存在的通病 |
|---|---|---|---|---|
| 11 电缆分接箱与开关站等 | 11.2 开关站、环网室、环网柜 | 11.2.3 管沟预埋 | <br>　　所有预埋件按设计埋设，焊接部分做防腐处理。所有电缆出入口处，应预埋电缆管，电缆敷设完毕后进行封堵。电缆沟排水良好，盖板齐全、平整，使用绝缘复合盖板或钢花纹盖板。 | <br>电缆封堵不完善，预埋件未按设计埋设。 |

| 编制项目 | 子项目 | 具体类别 | 总体要求及规范做法 | 工程质量存在的通病 |
|---|---|---|---|---|
| 11 电缆分接箱与开关站等 | 11.2 开关站、环网室、环网柜 | 11.2.4 防水、防潮 | <br><br>开关站屋顶应为坡顶，防水级别为 2 级，墙体无渗漏，淋水试验合格。屋面排水坡度 ≥ 1/50，并有组织排水，屋面不宜设置女儿墙，但屋面边缘应设置 300mm 的翻边或封檐板。开关站设置在地下层时，应设置吸湿机，设置集水井，井内设置两台潜水泵，其中一台为备用。 | <br><br>开关站屋顶设计不符合要求。开关站设置在地下层时，没有吸湿机，集水井内未设置排水设施。 |

| 编制项目 | 子项目 | 具体类别 | 总体要求及规范做法 | 工程质量存在的通病 |
|---|---|---|---|---|
| 11 电缆分接箱与开关站等 | 11.2 开关站、环网室、环网柜 | 11.2.5 消防 | 开关站的耐火等级不应低于二级，应配备国家消防标准要求中规定的相应数量的灭火设备。重要开关站、配电室内宜装有火灾报警装置，能够现场声光报警并上传报警信号。 | 消火栓不完善，大多数没有配备国家消防标准要求规定的相应数量的灭火设备。重要开关站、配电室内不装设火灾报警装置。 |

| 编制项目 | 子项目 | 具体类别 | 总体要求及规范做法 | 工程质量存在的通病 |
|---|---|---|---|---|
| 11 电缆分接箱与开关站等 | 11.2 开关站、环网室、环网柜 | 11.2.6 通风 | <br><br>　　室内装有六氟化硫（SF₆）气体的开关设备，应设置双排风口，低位应加装强制通风装置。宜装设低位排气装置，风机的吸入口、应加装保护网或其他安全装置，保护网孔尺寸为 5mm×5mm。开关站位于地下层，其专用通风管道应采用阻燃材料，环境污秽地应加装空气过滤器。通风设施等通道应采取防止雨、雪及小动物进入室内的措施。 | <br><br>　　不加装低位排气装置，风机中心在地面以上，用普通通风代替低位强制排风，不加装保护网孔或其他安全装置。通风设施等通道不采取防止雨、雪及小动物进入室内的措施。 |

| 编制项目 | 子项目 | 具体类别 | 总体要求及规范做法 | 工程质量存在的通病 |
|---|---|---|---|---|
| 11 电缆分接箱与开关站等 | 11.2 开关站、环网室、环网柜 | 11.2.7 室内照明 | <br>　　照明灯具不应设置在电气设备的正上方，应设置在主要通道等处，应设置供电时间≥2h 的应急照明。灯具、配电箱全部安装完毕，应通电试运行。通电后应仔细检查开关与灯具控制顺序是否相对应，电器元件是否正常。设备间工作照明采用荧光灯、白炽灯、防爆投光灯，事故照明采用应急灯。 | <br>　　照明灯具设置在电气设备的正上方，不按要求选择灯具。 |

| 编制项目 | 子项目 | 具体类别 | 总体要求及规范做法 | 工程质量存在的通病 |
|---|---|---|---|---|
| 11 电缆分接箱与开关站等 | 11.2 开关站、环网室、环网柜 | 11.2.8 安全设施 | <br><br>　　开关站、配电室应配备专用安全工器具柜，存放备品备件、安全工器具以及运行维护物品等。开关站、配电室内应设置报警装置，发生盗窃、火灾、六氟化硫（$SF_6$）等有害气体含量超标等异常情况时应自动报警。开关站、配电室出、入口应加装防小动物挡板，材料采用塑料板、金属板，高度不低于400mm。开关站、配电室窗加装防小动物不锈钢网，室外须留有固定的检修通道。 | <br><br>　　开关站内不设置六氟化硫（$SF_6$）等有害气体含量超标的自动报警装置，开关站、配电室出入口未加装防小动物挡板。开关站、配电室窗未加装防小动物不锈钢网，室外未留有固定的检修通道。 |

| 编制项目 | 子项目 | 具体类别 | 总体要求及规范做法 | 工程质量存在的通病 |
|---|---|---|---|---|
| 11 电缆分接箱与开关站等 | 11.2 开关站、环网室、环网柜 | 11.2.9 仪表 | 充气设备应设置气压指示仪表，每回馈线应设置带电显示器。带电显示器、保护等仪器仪表显示正确。 | 馈线带电显示器失灵。 |

| 编制项目 | 子项目 | 具体类别 | 总体要求及规范做法 | 工程质量存在的通病 |
|---|---|---|---|---|
| 11 电缆分接箱与开关站等 | 11.2 开关站、环网室、环网柜 | 11.2.10 箱体 | <br>箱体无变形，垂直防水性能良好，外观整洁无划痕，标识明显清晰。箱体顶部宜采用坡顶形式。 | <br>基础未超平，箱体安装后出现变形，箱门开合不灵活，安装时不按要求施工出现严重划痕。 |

| 编制项目 | 子项目 | 具体类别 | 总体要求及规范做法 | 工程质量存在的通病 |
|---|---|---|---|---|
| 11 电缆分接箱与开关站等 | 11.2 开关站、环网室、环网柜 | 11.2.11 基础 | 箱体应水平安放在事先做好的基础上，然后将底座与基础之间的缝隙用水泥沙浆抹封，以免雨水进入电缆室。基础一般应高出地面 300mm～500mm，基础水平面应平整，水平度≤5mm/全长，基础两侧设置防小动物的通风窗，宽×高尺寸为 300mm×150mm。基础应采用现场浇筑或预制结构，基础周围应设置 1m 的散水坡。 | 箱体底座与基础之间的缝隙不用水泥沙浆抹封。基础水平度不符合要求，基础通风窗未设置防护网，基础周围不设置散水坡。 |

| 编制项目 | 子项目 | 具体类别 | 总体要求及规范做法 | 工程质量存在的通病 |
|---|---|---|---|---|
| 11 电缆分接箱与开关站等 | 11.2 开关站、环网室、环网柜 | 11.2.12 接地安装 | <br><br>在电缆支架和设备位置处，应将接地支线引出地面。所有电气设备底脚螺丝、构架、电缆支架和预埋铁件等均应可靠接地。箱体及箱内配电设备均应采用扁钢（—5mm×50mm）与接地装置相连，连接点明显可见，接地引线按规定涂漆，引出位置应设置接地标志。室内接地线距地面高度≥0.3m，距墙面距离≥10mm。接地引上线与设备连接点不少于2个，对称分布，且焊点面积≥160mm²。接地电阻值应≤4Ω。 | <br><br>各接地引出线与主接地网未达到可靠连接，接地引线不按规定涂漆，接地线引出的位置不设置接地标志，设备外壳只设一点接地。接地电阻值＞4Ω。 |

# 12 配电室及箱式变电站

| 编制<br>项目 | 子项目 | 具体<br>类别 | 总体要求及规范做法 | 工程质量存在的通病 |
|---|---|---|---|---|
| 12<br>配电室及箱式变电站 | 12.1<br>配电室 | 12.1.1<br>变压器安装 | <br><br>变压器低压引出应采用铜排、密集型母线或封闭母线。变压器与封闭母线连接时，其套管中心线应与封闭母线中心线相符，变压器高、低压侧引线不应使变压器套管直接承受应力。 | <br><br>变压器低压引出线未使用铜排、密集型母线或封闭母线。 |

| 编制项目 | 子项目 | 具体类别 | 总体要求及规范做法 | 工程质量存在的通病 |
|---|---|---|---|---|
| 12 配电室及箱式变电站 | 12.1 配电室 | 12.1.2 电缆敷设 | 　电缆敷设在桥架内，应排列整齐，固定牢靠，无应力损伤。支架应采用角钢或槽钢制作，优先采用"一"字型、"L"字型、"U"字型、"T"字型等四种型式。支架应接地良好，一段母线不少于两处接地。交联聚乙烯绝缘电力电缆敷设时最小弯曲半径，无铠装的单芯为直径的 20 倍，多芯为直径的 15 倍；有铠装的单芯为直径的 15 倍，多芯为直径的 12 倍。电缆敷设完毕后应清理好现场。 | 　电缆敷设未在桥架内，排列不整齐，固定不牢靠，应力易损伤。支架不采用角钢或槽钢制作，支架不接地或接地不符合要求。电力电缆敷设时最小弯曲半径不符合要求。电缆敷设完毕后不清理现场。 |

| 编制项目 | 子项目 | 具体类别 | 总体要求及规范做法 | 工程质量存在的通病 |
|---|---|---|---|---|
| 12 配电室及箱式变电站 | 12.1 配电室 | 12.1.3 室内建筑 | 　　配电室内各辅助房间的内墙表面应抹灰刮白、地面宜采用高标号水泥抹面压光。应设置防止雨、雪和小动物从采光窗、通风窗、门、电缆沟等进入室内的设施，配电室出入口防小动物的挡板，材料采用塑料板、金属板，高度不低于400mm。配电室应合理考虑通风散热方式。所有门窗应采用非燃烧材料，所有窗户、门如采用玻璃时，应使用双层中空玻璃。 | 　　配电室地面未采用高标号水泥抹面压光。不设置防止雨、雪和小动物从采光窗、通风窗、门、电缆沟等进入室内的设施。门窗不采用非燃烧材料。 |

| 编制项目 | 子项目 | 具体类别 | 总体要求及规范做法 | 工程质量存在的通病 |
|---|---|---|---|---|
| 12 配电室及箱式变电站 | 12.2 美式箱式变电站 | 12.2.1 箱体接地 | <br>根据柜体固定螺栓位置及孔径尺寸，在基础槽钢上划好固定位置并开孔，采用镀锌螺栓将箱体与基础槽钢固定，可开启柜门用≥4mm² 黄绿相间的多股软铜导线可靠接地。成套箱变的接地每个箱体应独立与基础槽钢连接，严禁串联。接地干线与箱变的 N 母线和 PE 母线直接连接，箱体、支架或外壳的接地采用带有防松装置的螺栓可靠连接。 | <br>箱体接地或接零不可靠，未使用带有防松装置的螺栓可靠连接，不做防锈处理。开启柜门不接地或接地不符合要求。 |

| 编制项目 | 子项目 | 具体类别 | 总体要求及规范做法 | 工程质量存在的通病 |
|---|---|---|---|---|
| 12 配电室及箱式变电站 | 12.2 美式箱式变电站 | 12.2.2 柜体接线 | <br><br>电缆应排列整齐，按垂直或水平有规律地配置，绝缘良好，无损伤，按施工图进行电缆接线。悬挂电缆标识牌，标识牌应编号正确，字迹清晰。每个回路应有名称和编号。单个接线端子压接接地线的数量≤4根。电缆铜屏蔽层用≥4mm² 多股二次软线焊接后连接在保护专用接地铜排上。 | <br><br>电缆终端接头不按工艺要求施工，接线不牢固，有受外力现象。不悬挂电缆标识牌，标识牌编号不正确，各回路无名称和编号。单个接线端子压接接地线的数量>4根。电缆铜屏蔽层不按要求连接在保护专用接地铜排上。 |

| 编制项目 | 子项目 | 具体类别 | 总体要求及规范做法 | 工程质量存在的通病 |
|---|---|---|---|---|
| 12 配电室及箱式变电站 | 12.3 欧式箱式变电站 | 12.3.1 外观 | 　基础整体美观，无裂缝、蜂窝和麻面现象。安装后的箱体无损伤，箱体平整无倾斜。箱式变电站基础周围设1m防水坡且排水顺畅，箱式变电站基础四周设有宽×高尺寸为 300mm×150mm 的防小动物的通风口，具备防潮能力。箱式变电站内应设置照明和排风设施。 | 箱式变电站基础不设置通风口，通风口对地面距离过近，不做防潮层。箱式变电站内照明及排风设施损坏。 |

| 编制项目 | 子项目 | 具体类别 | 总体要求及规范做法 | 工程质量存在的通病 |
|---|---|---|---|---|
| 12 配电室及箱式变电站 | 12.3 欧式箱式变电站 | 12.3.2 柜体接线 | 电缆应排列整齐，按垂直或水平有规律地配置，绝缘良好，无损伤，按施工图进行电缆接线。悬挂电缆标识牌，标识牌应编号正确，字迹清晰。每个回路应有名称和编号。单个接线端子压接接地线的数量≤4根。电缆铜屏蔽层用≥4mm² 多股二次软线焊接后连接在保护专用接地铜排上。 | 电缆终端接头不按工艺要求施工，接线不牢固，有受外力现象。不悬挂电缆标识牌，标识牌编号不正确，各回路无名称和编号。单个接线端子压接接地线的数量＞4根。电缆铜屏蔽层不按要求连接在保护专用接地铜排上。 |

| 编制项目 | 子项目 | 具体类别 | 总体要求及规范做法 | 工程质量存在的通病 |
|---|---|---|---|---|
| 12 配电室及箱式变电站 | 12.3 欧式箱式变电站 | 12.3.3 箱式变电站吊装 | <br>　箱式变电站安装时应采用专用吊车底部起吊，水平安放在事先做好的基础上，吊装前应进行基础超平，吊装后就位于基础预埋件上面，预埋件牢固，预留铁件水平、不直度误差<1mm/m、全长水平、不直度误差<5mm，位置误差及不平行度全长<5mm，切口应无卷边、毛刺。调整箱式变电站的垂直度、水平度。调整找正时，可采用0.5mm厚的钢片找平，每处最多不超过三片，箱体安装完毕后与基础紧密贴合，底座与基础之间的缝隙用水泥沙浆抹封，以免雨水进入电缆室，并确保所有门开启顺畅到位。 | <br>　吊装不采用专用吊车底部起吊，吊装前不进行基础超平，预埋铁件不符合要求，底座与基础之间的缝隙不用水泥沙浆抹封，调整找正时不按要求施工，箱门开启不顺畅到位。 |

# 13 无功补偿装置

| 编制项目 | 子项目 | 具体类别 | 总体要求及规范做法 | 工程质量存在的通病 |
|---|---|---|---|---|
| 13 无功补偿装置 | 13.1 10kV线路无功补偿装置 | 13.1.1 10kV无功补偿装置安装 | <br><br>台架距地面不小于3.5m，应保持水平或垂直，补偿装置组装整齐，铭牌面向道路侧并有顺序编号。接点牢固可靠，紧密连接，接线正确、整齐美观。母线及分支线应标相位色。连接导线应用软铜线。中性点星形连接时，三相电容量差值最大与最小不超过三相平均电容值的5%。保护、控制、放电回路完整，动作灵敏。采用跌落式熔断器控制和操作，熔丝按额定电流的1.2~1.3倍进行整定。应在电源侧装设过电压保护装置。 | 台架安装不符合要求，接线不牢固。三相电容量差值设计不符合规定。采用跌落式熔断器控制和操作时熔丝额定电流选择不正确。 |

| 编制项目 | 子项目 | 具体类别 | 总体要求及规范做法 | 工程质量存在的通病 |
|---|---|---|---|---|
| 13 无功补偿装置 | 13.2 10kV线路调压器 | 13.2.1 10kV调压器的安装 | 　在10kV线路上，高压侧电压越电压上限或电压下限处为调压器的安装点。一般单向调压器的安装点在距线路首段1/2或2/3处，双向调压器的安装点在距线路首段的1/3或1/2处。 | 调压器安装地点不符合要求。 |

# 14 标识安装

| 编制项目 | 子项目 | 具体类别 | 总体要求及规范做法 | 工程质量存在的通病 |
|---|---|---|---|---|
| 14 标识安装 | 14.1 设备标识 | 14.1.1 杆号牌制作 | | |
| | | | 　　线路杆号牌内容应包含电压等级、线路名称和杆塔编号三要素。电压等级应为阿拉伯数字接"kV"字样。10kV 线路杆号牌尺寸为 320mm×260mm，0.4kV 线路杆号牌尺寸为 170mm×300mm，蓝底白色黑体字。双回线路同杆架设应在杆号牌线路名称后方注明线路所在位置，同杆架设上、下双回路线路名称可在同一杆号牌中注明。应采用坚固、耐用的材料制作，宜采用铝合金板防腐材料制作。 | 　　线路杆号牌内容不包含电压等级、线路名称和杆塔编号三要素，杆号牌尺寸不符合设计要求。杆号牌不采用坚固、耐用的材料制作，严重锈蚀。 |

| 编制项目 | 子项目 | 具体类别 | 总体要求及规范做法 | 工程质量存在的通病 |
|---|---|---|---|---|
| 14 标识安装 | 14.1 设备标识 | 14.1.2 杆号牌安装位置 | 面向负荷为线路杆塔增加方向，单回路杆号牌安装在主要街道侧，便于巡视人员观察；门型杆安装在面向负荷侧左侧杆塔上。安装位置对地距离≥3m，如杆塔巡视方向有高于3m的障碍物或杆塔上经常张贴小广告的地区，喷涂或标识牌的位置可以适当增高。 | 杆号牌安装位置未面向主要街道侧和便于观察的方向，且对地距离＜3m。 |

| 编制项目 | 子项目 | 具体类别 | 总体要求及规范做法 | 工程质量存在的通病 |
|---|---|---|---|---|
| 14 标识安装 | 14.1 设备标识 | 14.1.3 杆号牌安装 | 杆号牌采用铝板制作，推荐采用热转印打印粘贴、腐蚀、丝网印刷工艺，不允许采用搪瓷牌。应四边打长孔，用宽 10mm，长不低于 1200mm 的闭锁式不锈钢包带绑扎固定。绑扎固定后，包带外露尾端不宜超过 30mm，且应做防滑处理。 | 杆号牌不使用铝板制作，不使用闭锁式不锈钢包带绑扎固定，或采用其他材料绑扎，外露尾端超过 30mm，杆号牌使用喷涂方式。 |

| 编制项目 | 子项目 | 具体类别 | 总体要求及规范做法 | 工程质量存在的通病 |
|---|---|---|---|---|
| 14 标识安装 | 14.1 设备标识 | 14.1.4 配电室 | <br><br>10kV白南线<br>舒雅名苑1#<br>配电室<br><br><br><br>配电室标识牌命名应包含电压等级、线路名称和编号三要素，尺寸如图所示。 | <br>战备亭<br><br>配电室标识牌缺少电压等级、线路名称和编号三要素，尺寸不符合要求。 |

| 参数 | $B$ | $B_1$ | $A$ | $A_1$ | $A_2$ |
|---|---|---|---|---|---|
| 10kV | 320 | 300 | 260 | 240 | 170 |

| 编制项目 | 子项目 | 具体类别 | 总体要求及规范做法 | 工程质量存在的通病 |
|---|---|---|---|---|
| 14 标识安装 | 14.1 设备标识 | 14.1.5 环网单元 | 环网单元标识牌应包含电压等级、线路名称和编号三要素，还应配置间隔名称和开关编号。每条进出线电缆均应悬挂电缆标识牌。环网单元标识规格尺寸如图所示。 <br> 参数表 | 环网单元标识牌缺少电压等级、线路名称和编号三要素，尺寸不符合要求。进出线电缆不悬挂电缆标识牌。 |

| 参数 | $B$ | $B_1$ | $A$ | $A_1$ | $A_2$ |
|---|---|---|---|---|---|
| 10kV | 320 | 300 | 260 | 240 | 170 |

| 编制项目 | 子项目 | 具体类别 | 总体要求及规范做法 | 工程质量存在的通病 |
|---|---|---|---|---|
| 14 标识安装 | 14.1 设备标识 | 14.1.6 箱式变电站 | <br>箱式变电站标识牌应包含电压等级、线路名称和编号三要素，还应配置间隔名称和开关编号，每条进出线电缆均应悬挂电缆标识牌。箱式变电站标识牌规格尺寸如图所示。<br><br>| 参数 | $B$ | $B_1$ | $A$ | $A_1$ | $A_2$ |<br>|---|---|---|---|---|---|<br>| 10kV | 320 | 300 | 260 | 240 | 170 | | <br>箱式变电站标识牌缺少电压等级、线路名称和编号三要素，尺寸不符合要求。进出线电缆不悬挂电缆标识牌。 |

| 编制项目 | 子项目 | 具体类别 | 总体要求及规范做法 | 工程质量存在的通病 |
|---|---|---|---|---|
| 14 标识安装 | 14.1 设备标识 | 14.1.7 配电变压器 | <br>双杆变压器台 10kV 引线杆为主杆，主杆按"10kV＋线路名称＋杆塔编号"命名，另一电杆为变压器台副杆，副杆按"10kV＋线路名称＋杆塔编号副杆"命名，杆号牌下沿距地面 3m 处。变压器运行编号牌尺寸为 320mm×260mm，采用白底红色黑体字；警示牌尺寸为 240mm×300mm，安装在托台抱箍下方面向爬梯侧。电缆标识牌 150mm×80mm，使用不锈钢绑扎带固定。 | <br>变压器台及电杆不按要求命名，变压器台标识牌悬挂不全，安装位置不正确。标识牌不使用不锈钢绑扎带固定。 |

| 编制项目 | 子项目 | 具体类别 | 总体要求及规范做法 | 工程质量存在的通病 |
|---|---|---|---|---|
| 14标识安装 | 14.1设备标识 | 14.1.8柱上开关 | <br><br>　　柱上开关标识牌应包含电压等级、线路名称和杆号三要素。标识牌应安装在每基杆塔面向道路侧，便于巡视人员观察，安装位置底沿对地距离为3m。 | <br><br>　　柱上开关标识牌缺少电压等级、线路名称和杆号三要素。安装位置对地距离不足3m，不安装标识牌。 |

| 编制项目 | 子项目 | 具体类别 | 总体要求及规范做法 | 工程质量存在的通病 |
|---|---|---|---|---|
| 14 标识安装 | 14.1 设备标识 | 14.1.9 联络开关 | 柱上联络开关标识牌应包含电压等级＋线路名称：<br>（1）杆塔编号及电压等级＋线路名称。<br>（2）杆塔编号＋联络开关。标识牌应安装在每基杆塔面向道路侧，便于巡视人员观察，安装位置对地距离为3m。 | 柱上联络开关标识牌缺少电压等级、线路名称和杆号三要素。安装位置对地距离不足3m。 |

系统解列点

未经调度许可
严禁操作

10kV新闻线45
10kV中华线56

联络开关

10kV古城线7号环网单元
10kV环城线15号环网单元

联络开关

| 编制项目 | 子项目 | 具体类别 | 总体要求及规范做法 | 工程质量存在的通病 |
|---|---|---|---|---|
| 14 标识安装 | 14.1 设备标识 | 14.1.10 相序牌 | <br><br>10kV架空配电线路相序标牌采用黄、绿、红三色表示A、B、C相，0.4kV线路相序标识采用黄、绿、红、黑四色表示A、B、C、N相，应在配电室或配电变压器出口第一基杆、分支杆、耐张杆、转角杆均应安装相序牌。每基出口杆、耐张型杆、分支杆、前后各一基杆塔上，45°以上的转角杆应有明显的相序标识。<br><br><table><tr><td>参数（mm）</td><td>A</td><td>B</td><td>C</td><td>D</td></tr><tr><td>数值</td><td>100</td><td>300</td><td>60</td><td>30</td></tr></table> | 出口杆塔、耐张型杆塔、分支杆塔前后各一基杆塔不安装相序标识。 |

| 编制项目 | 子项目 | 具体类别 | 总体要求及规范做法 | 工程质量存在的通病 |
|---|---|---|---|---|
| 14 标识安装 | 14.2 警示标识 | 14.2.1 拉线防护套 | 易受车辆碰撞的拉线应安装适合拉线型号的拉线防护套。拉线防护套顶部距离地面垂直距离≥2m。 | 不安装拉线防护套，或安装型号不符合要求。拉线防护套顶部距离地面垂直距离<2m。 |

| 编制项目 | 子项目 | 具体类别 | 总体要求及规范做法 | 工程质量存在的通病 |
|---|---|---|---|---|
| 14 标识安装 | 14.2 警示标识 | 14.2.2 防撞警示标识 | 电杆警示标识高清防水、防晒画面，兼具反光功能，颜色为黄、黑相间，高 1200mm（黑 3、黄 3、宽 200mm）。采用自胶带或喷涂方式，下沿距地面 300mm 处粘贴一周。 | 不安装防撞警示标识，或安装高度不正确。 |

| 编制项目 | 子项目 | 具体类别 | 总体要求及规范做法 | 工程质量存在的通病 |
|---|---|---|---|---|
| 14 标识安装 | 14.2 警示标识 | 14.2.3 禁止攀登，高压危险警示牌 | <br><br>杆塔爬梯下方应悬挂"禁止攀登，高压危险"警示牌，安装位置应醒目。标志牌底边距地面2～4m。 | <br><br>不安装"禁止攀登，高压危险"警示牌，警示牌模糊不清，并且安装位置不正确。 |